Chawki Awada

Nature cohérente et incohérente de la réponse de second harmonique

Chawki Awada

Nature cohérente et incohérente de la réponse de second harmonique

Optique non linéaire dans les nanostructures métalliques d'or et d'argent

Presses Académiques Francophones

Imprint
Any brand names and product names mentioned in this book are subject to trademark, brand or patent protection and are trademarks or registered trademarks of their respective holders. The use of brand names, product names, common names, trade names, product descriptions etc. even without a particular marking in this work is in no way to be construed to mean that such names may be regarded as unrestricted in respect of trademark and brand protection legislation and could thus be used by anyone.

Cover image: www.ingimage.com

Publisher:
Presses Académiques Francophones
is a trademark of
International Book Market Service Ltd., member of OmniScriptum Publishing Group
17 Meldrum Street, Beau Bassin 71504, Mauritius

Printed at: see last page
ISBN: 978-3-8416-3648-5

Zugl. / Agréé par: Lyon, Université Lyon 1, 2009

Remerciements

Ce travail de thèse synthétise les recherches effectuées pendant trois années au Laboratoire de Spectrométrie Ionique et Moléculaire (LASIM). Je remercie donc Christian Bordas de m'y avoir accueilli. Le travail présenté ici résulte d'un contrat recherche MNRT entre le LASIM et le ministère de l'enseignement supérieur et de la recherche.

J'exprime une grande gratitude à Pierre - François Brevet, mon directeur de thèse. Je le remercie de m'avoir transmis une partie de son savoir et de son expérience. Merci aussi pour sa disponibilité, l'aide précieuse qu'il m'a apportée chaque fois que j'en ai eu besoin, et ses nombreux conseils pour l'élaboration du manuscrit.

Je tiens à remercier Christian Jonin, pour avoir codirigé mes travaux. Sa gentillesse, son enthousiasme et ses compétences m'ont vraiment aidé à avancer, durant ces trois ans, dans les travaux de recherche. Ensuite, je présente tous mes chaleureux remerciements envers tous les membres de mon équipe du travail.

Je suis très reconnaissant à Messieurs les Professeurs Alain Fort et François Hache d'avoir accepté d'être rapporteurs.

Je remercie infiniment Messieurs les Professeurs Michel Pellarin, Bertrand Poumellec, Pascal royer et Bruno Palapant d'avoir accepté de faire partie du jury.

Je remercie aussi tous les membres des services techniques du Laboratoire, ceux du service informatique (Sad et Francisco), mécanique, électronique et encore d'instrumentation (Xavier,...).

Je tiens à remercier tous mes collègues du travail dont j'ai partagé mes moments difficiles et heureux. Je commence par mes cobureaux Nadia et Salem qui n'ont pas hésité à présenter leur aide et leur coopération. Puis à Sad, Rami, Mahdi et sa femme Zaynab, Abbass et sa femme Abir et Yara pour leur présence à mes cotés pendant ma soutenance. Je tiens à remercier toutes les gens présents à ma soutenance de thèse et ceux qui m'ont offert un joli cadeau.

Enfin, un grand merci à mes parents qui m'ont toujours soutenu : ce sont eux qui ont le plus contribué à ma réussite et je leur en suis extrêmement reconnaissant. Pour finir, un merci de tout mon cœur à mon amie Céline pour avoir patienté et resté à coté de moi malgré toutes les difficultés que j'ai eu et surtout sur la dernière ligne droite de ma thèse.

Et à toi lecteur courage pour cette lecture et merci de faire vivre mes travaux !

Lyon, le 4 octobre 2009

Chawki AWADA

Table des Matières

Chapitre I : Introduction générale... *11*

Chapitre II : Optique gaussienne dans un matériau non linéaire *17*

II.1 Introduction.. **17**

II.2 Faisceaux gaussiens **18**

    II.2.1 Mode fondamental des champs gaussiens 19

    II.2.2 Caractéristique du champ électrique gaussien 21

II.3 Matrices ABCD et propagation du champ électrique **22**

II.4 Résultats numériques **27**

    II.4.1 Cas sans l'échantillon 27

    II.4.2 Cas avec l'échantillon... 28

II.5 Expériences de SHG – scan **31**

    II.5.1 Laser et Optique... 32

    II.5.2 Appareils de détection 34

    II.5.3 Echantillons 35

    II.5.4 Résultats et discussions.. 35

        II.5.4.1 Cas du quartz.. *35*

        II.5.4.2 Cas du film *39*

II.6 Expériences de SHG – scan sur BBO **42**

    II.6.1 Dispositif expérimental 43

    II.6.2 Résultats et discussions... 43

II.7 SHG cache-scan **47**

    II.7.1 Dispositif expérimental 47

    II.7.2 Résultats et discussions... 48

    II.7.3 Analyse numérique 49

    II.7.4 Mesure du col du faisceau harmonique... 51

II.8 Conclusion **56**

Références **57**

Chapitre III : SHG en faisceau gaussien focalisé et impulsions

ultracourtes... *61*

III.1 Introduction **61**

III.2 Equation de propagation des impulsions brèves............................ **63**

III. 3 Modèle théorique **67**

III.4 Résultats numériques et discussions **72**

III.4.1 Cas du cristal de quartz 74

III.4.2 Cas du film 77

III.4.3 Comparaison avec l'expérience 79

III.5 Conclusion **80**

Références *81*

Chapitre IV : SHG de films de nanoparticules métalliques 83

IV.1 Introduction **83**

IV.2 Fabrication et caractérisation des échantillons **85**

IV. 3 Franges de Maker **87**

IV.3.1 Principe et objectifs..87

IV.3.2 Dispositif expérimental 88

IV.3.3 Résultats expérimentaux 89

IV.3.3.1 Monochromaticité et Franges de Maker du quartz *89*

IV.3.3.2 Spectres larges pour les films de particules bimétalliques Au$_x$Ag$_{1-x}$ *92*

IV.3.3.3 Franges de Maker d'alliages bimétalliques Au$_x$Ag$_{1-x}$ *96*

IV.3.4 Cadre théorique pour l'expérience des franges de Maker 98

IV.3.5 Analyses et discussions 106

IV.4 Approche de Maxwell-Garnett **112**

IV.5 Approche microscopique: hyperpolarisabilités quadratiques absolues **114**

IV.6 Conclusion **123**

Références: *123*

Chapitre V : SHG d'un réseau de nanocylindres d'or 127

V.1 Introduction **127**

V.2 Fabrication de réseaux **129**

V.3 Optique linéaire **130**

V.3.1 spectroscopie UV-visible 130

V.3.2 Théorie de Mie 131

V.3.3 Analyses 133

V.4 Optique non linéaire : SHG **134**

V.4.1 Dispositif expérimental 134

V.4.2 Résultats expérimentaux 136

V.4.3 Modèle..141

V.4.4 Analyses 144

V.5 Effet de la taille **146**

V.5.1 Résultats expérimentaux 147

V.5.2 Analyses et discussions 148

V.6 Effet d'organisation **151**

V.6.1 Résultats expérimentaux 151

V.6.2 Analyses et discussions 153

V.7 Conclusion **155**

Références *156*

Chapitre VI : Génération d'un continuum de lumière dans un film de nanoparticules métalliques *159*

VI.1 Introduction **159**

VI.2 Continuum dans un film de particules Au$_{75}$Ag$_{25}$ **160**

VI.2.1 Seuil d'apparition du continuum 161

VI.2.2 Compétition entre SHG et Génération de continuum 165

VI.2.3 Analyse et discussion 168

VI.3 Conclusion **171**

Références *171*

Chapitre VII : Conclusion générale *173*

Chapitre I : Introduction générale

La génération d'impulsions laser ultra brèves a ouvert un vaste domaine de recherche, allant des interactions laser-matière à très haut flux ou fortes intensités à la physique des plasmas. Au cours de ces vingt dernières années, le développement de ces sources lasers femtosecondes (1 fs = 10^{-15} s) a ainsi connu un élan considérable grâce à diverses avancées technologiques comme l'amplification à dérive de fréquence en 1985 qui a permis d'envisager l'amplification d'impulsions courtes jusqu'à des niveaux d'énergie très élevés. De plus, l'utilisation depuis les années 1990 de nouveaux matériaux amplificateurs comme le saphir dopé au titane a permis de développer des sources à impulsions femtosecondes avec des taux de répétition élevés atteignant quelques dizaines de Mégahertz. En parallèle dans le domaine des nanosciences, le développement de nouvelles méthodes de fabrication a permis la réalisation de nanostructures métalliques très originales par leur architecture, en variant les matériaux, la géométrie, ... Ainsi c'est autour de la recherche sur les interactions d'impulsions ultra brèves et intenses sur des nanostructures que s'est développée au Laboratoire de Spectrométrie Ionique et Moléculaire (LASIM) une intense activité. Plus particulièrement dans l'équipe *Optique Non Linéaire et Interfaces*, l'étude des propriétés optiques non linéaires des nano-objets, en particulier l'étude de la génération de second harmonique, constitue une grande partie des travaux effectués. L'avènement des lasers ayant une puissance crête importante facilite en effet l'exploitation des propriétés optiques non linéaires (ONL) de matériaux nano-structurés. En génération de second harmonique, la forte localisation des interactions non linéaires lumière/matière limitées à la fois spatialement à la région de focalisation et temporellement à la durée des impulsions conduit à des effets encore largement méconnus. L'essentiel de notre travail sera consacré à l'étude de certains de ces effets.

Les matériaux nanostructurés représentés par des structures à zéro dimension tels que les boîtes quantiques et les nanoparticules métalliques, mais aussi à 1D tels que les nanocylindres, les nanotubes et les nanofils, ont été étudiés intensément pour leurs propriétés mécaniques, électriques et optiques particulières découlant de leur taille nanométrique (1 ~ 100 nm). Des progrès significatifs ont toutefois été nécessaires dans la fabrication de nanomatériaux afin d'obtenir un bon contrôle de la forme et la géométrie des structures. Des propriétés intéressantes dans ces nanomatériaux ont alors pu être mises en évidence. L'un des prochains défis relève maintenant de la compréhension de ces propriétés, en particulier lorsque ces nano-objets sont assemblés en réseaux. Il est envisageable que l'étude de ces nanostructures débouche dans un futur proche sur un large éventail d'applications dans des domaines comme l'opto-électronique, les mesures analytiques,... Ces applications nécessitent cependant le développement de stratégies efficaces d'assemblage des structures à l'échelle nanométrique dans des réseaux hiérarchisés. Ceci pourrait être obtenu en contrôlant la forme, l'emplacement, l'orientation et la densité d'éléments de taille nanométrique par exemple.

Les matériaux nano-structurés, formés par un ensemble de nano-objets dispersés sur une surface ou dans une matrice, possèdent des propriétés optiques, magnétiques ou chimiques spécifiques pouvant être modifiées et éventuellement contrôlées pour répondre à une fonction donnée. Ils sont très prometteurs pour de nombreuses applications technologiques, notamment dans les domaines de la photonique (nano-optique, photodétecteurs, polariseurs, etc.), de l'électronique (nano-composants, capteurs solaires, nano-mémoires, etc.), des télécommunications (visualisation, commutation optique, etc.), de la catalyse chimique, du marquage biologique, etc... Les nano-objets utilisés sont très souvent des structures métalliques, sous forme pure ou d'alliage. De part leur taille, le nombre d'atomes qu'ils contiennent varie de quelques unités à quelques milliers et ils représentent des entités intermédiaires entre les molécules et les solides massifs. Dans notre travail, les métaux utilisés sont l'or et l'argent. Deux types d'objets ont été étudiés: des particules bimétalliques de composition Au_xAg_{1-x} et des nanocylindres d'or disposés de manière aléatoire ou organisée. La raison principale de l'intérêt porté à ces objets métalliques de taille nanométrique provient de leurs propriétés optiques et électroniques très particulières. Pour ces métaux nobles, l'or et l'argent en particulier, ces structures possèdent notamment une résonance dans le spectre optique associée à l'excitation collective des électrons de conduction. Cette résonance est appelée resonance de plasmon de surface et est située dans le domaine visible du spectre. Par ailleurs, ces structures élaborées à partir de ces principaux métaux nobles ont ouvert la voie au domaine récent de la *plasmonique*.

De nombreuses méthodes optiques ont été développées pour étudier ces propriétés si particulières, comme par exemple la spectroscopie d'extinction. La plupart de ces techniques sondent des propriétés de volume. Des techniques sensibles aux surfaces et interfaces sont plus rares bien que nécessaires. La génération de second harmonique (SHG), interdite dans les milieux centrosymétriques dans l'approximation dipolaire électrique (c'est le cas des milieux liquides et gazeux en général mais aussi de certains solides) apparaît alors comme un outil efficace dans l'étude de ces processus. En effet, les surfaces sont des régions ne possédant pas de centre d'inversion et de ce fait sont le siège de processus SHG lorsqu'elles sont irradiées par des faisceaux lumineux intenses. Cette propriété des surfaces a permis d'utiliser le processus SHG pour étudier les interfaces séparant deux milieux centrosymétriques comme les interfaces air-solide ou liquide-liquide, interfaces qui jouent un rôle majeur dans notre environnement. L'utilisation de la génération de second harmonique ne se limite pas aux interfaces planes mais peut être étendue aux surfaces des nanostructures de petites tailles, bien inférieures à la longueur d'onde. Dans ce cas cependant, les études ont montré que l'interprétation de la réponse SHG ne pouvait être limitée à l'approximation dipolaire électrique ce qui a donné lieu à des travaux intenses dans ce domaine. De tels nano-objets sont présents dans les films diélectriques d'alumine pour lesquels une réponse SHG est observée. Pour de telles particules métalliques, l'approximation dipolaire électrique n'est plus suffisante le processus est autorisé comme il a été montré en milieu homogène pour des diamètres de particules de l'ordre de quelques dizaines de nanomètres. L'origine de cette réponse provient essentiellement de la forme géométrique des particules qui n'est pas parfaitement sphérique combinée à l'existence des gradients du champ électromagnétique. Cette origine est aussi associée à une forte exaltation du signal SHG par la résonance de plasmon de surface dans ces particules. Le phénomène d'exaltation du signal SHG au voisinage de la résonance de plasmon de surface (RPS) a été observé tant en milieu homogène qu'en milieu inhomogène (pour des particules déposées sur des surfaces) pour des particules métalliques d'or et d'argent de différentes tailles. Pour les particules formées par un alliage bimétallique, la composition modifie la fréquence de la RPS.

La caractérisation de la réponse optique de nanoparticules métalliques ne s'étend pas seulement à celle de particules individuelles. Des mesures ont été réalisées pour des particules régulièrement disposées sur un substrat. Ces mesures suscitent actuellement un intérêt intense dans la communauté. Les paramètres structuraux des nanoparticules comme le volume, la forme, l'espacement, l'orientation ou encore la composition peuvent en effet être contrôlés durant la fabrication le plus souvent réalisée par la technique de la lithographie électronique (EBL). Cette technologie a évolué considérablement pendant les dernières décennies et la taille des objets fabriqués a été fortement diminuée. Il est cependant très difficile de produire des structures géométriques aux arêtes et sommets nets, particulièrement lorsque les dimensions des particules ne sont plus que de quelques dizaines de nanomètres. Les images obtenues en microscopie électronique à balayage (SEM) des échantillons montrent bien souvent de tels défauts. Nous avons constaté que ces défauts pouvaient exercer une influence inattendue sur la réponse optique non linéaire des particules. En revanche, la réponse linéaire comme la mesure de l'extinction est peu sensible à ces petits défauts. La mesure de la réponse SHG en devient alors plus intéressante. La réponse SHG dépend fortement de deux facteurs : le champ électrique local dans les particules et la symétrie de l'échantillon. Les petits défauts peuvent alors venir rompre la symétrie parfaite attendue avec pour conséquence une réponse très différente de celle espérée.

Le premier objectif de ce travail de thèse vise à interpréter les observations réalisées pour des films de particules dispersées aléatoirement et tente de résoudre le problème de la nature du signal SHG : est-elle cohérente ou incohérente ? Le deuxième objectif de ce travail a consisté à étudier la réponse SHG de réseaux de nanocylindres organisés en utilisant la technique de la réponse SHG résolue en polarisation. Après ce premier chapitre d'introduction, le deuxième chapitre présente un rappel théorique sur l'optique gaussienne et les caractéristiques générales d'un faisceau gaussien ainsi que sa propagation dans un milieu non linéaire, cadre général indispensable pour bien comprendre les problèmes auxquels nous avons été confrontés lors de ces travaux. Des simulations numériques ont été effectuées afin de déterminer les caractéristiques du faisceau laser utilisé. Puis, nous décrivons les dispositifs expérimentaux mettant en œuvre la technique Z-scan dans le cadre de mesures SHG dans le but d'étudier la réponse optique non linéaire d'un cristal de quartz et de films contenant des particules bimétalliques du type Au_xAg_{1-x}. Dans le chapitre III, nous décrivons à partir d'un modèle théorique, la génération de second harmonique en faisceau gaussien focalisé et pour des impulsions ultracourtes. Des études analytiques ont été réalisées afin d'interpréter les résultats expérimentaux obtenus dans le Chapitre II. Le Chapitre IV vise à étudier les propriétés optiques linéaires et non linéaires des films de particules bimétalliques Au_xAg_{1-x}. Des mesures de franges de Maker ont permis d'enregistrer un signal de second harmonique malgré la dispersion aléatoire des particules dans une matrice d'alumine. Un modèle théorique basé sur l'approximation dipolaire est présenté dans le but d'interpréter nos résultats expérimentaux et d'extraire les paramètres linéaires et non linéaires importants. Enfin, nous présentons un modèle microscopique permettant de déduire une valeur absolue de l'hyperpolarisabilité quadratique des nanoparticules. Cette partie conduit à des résultats surprenants et ouvre donc très clairement le débat sur l'origine de la réponse SHG dans ces films. Dans le chapitre V, nous nous sommes attachés aux résultats expérimentaux obtenus et en optique non linéaire pour la réponse SHG de réseaux de nanocylindres d'or. Ils sont complétés par des mesures en optique linéaire de spectroscopie d'absorption UV-visible. Différents états de polarisation ont été choisis soit pour le champ incident, soit pour le champ harmonique généré en sortie d'échantillon. Dans le cadre de ce chapitre, les nanocylindres métalliques d'or sont disposés régulièrement dans des arrangements géométriques carré, hexagonal ou aléatoire. Leurs réponses optiques ont été étudiées dans une configuration en transmission. Nous nous sommes intéressés plus particulièrement au film pour lequel les plots d'or sont disposés régulièrement selon un motif carré. Il est alors intéressant de placer ce travail à la lumière des chapitres précédents concernant les particules aléatoirement dispersées dans une matrice, plus particulièrement du point de vue de la nature incohérente ou cohérente de la réponse. Nous terminons ce manuscrit par un chapitre sur des perspectives possibles issues du chapitre II. Nous nous intéressons alors en effet sur l'observation d'un continuum de lumière blanche lors d'expériences de SHG dans les films de particules métalliques de type Au_xAg_{1-x}.

Chapitre II : Optique gaussienne dans un matériau non linéaire

II.1 Introduction

C'est au début des années 60, avec le développement des sources lasers, que les premières expériences de propagation dans des matériaux présentant des propriétés optiques non linéaires sont apparues. Il devenait en effet possible avec ces nouveaux outils que sont les lasers d'atteindre des densités de puissance suffisantes pour observer des modifications significatives sur l'évolution dans le temps et l'espace des champs électromagnétiques dues aux propriétés de ces matériaux. L'effort croissant pour la miniaturisation [1-3], les hautes performances et l'abaissement du coût des dispositifs optiques ont de plus fait émerger de nouveaux thèmes de recherche en physique des matériaux et en ingénierie de systèmes optiques [4-7]. Depuis, beaucoup de systèmes optiques intégrés font appel à ces processus non-linéaires, principalement d'ordre 2 ou 3 comme la conversion, l'addition ou la différence de fréquences, l'effet Kerr, ... [8]. Parmi les processus qui font l'objet de ce chapitre, la génération de second harmonique, acronyme anglais SHG (Second Harmonic Generation), est sans doute le plus simple. Ce processus optique non linéaire de doublage de fréquence consiste en la conversion de deux photons à la fréquence fondamentale en un photon à la fréquence harmonique. Par ailleurs, l'absorption non linéaire que nous rencontrerons plus loin est un processus d'ordre 3. Ce chapitre présente la technique expérimentale s'apparentant à la technique de Z-scan que nous avons utilisée. Il s'agit en effet d'étudier la réponse non linéaire d'ordre 3 des matériaux et le montage utilisé a été rendu nécessaire en raison d'une instrumentation peu adaptée à l'étude de cette réponse par les méthodes classiques [9,10]. Nous avons ainsi mis en place une méthode s'apparentant à la technique de Z-scan. Cette méthode est apparue dès le début des années '90. H. Ma *et coll.* [11] ont étudié les non-linéarités non-dégénérées de verres semi-conducteurs dopés dans leur région d'absorption par cette méthode de Z-scan en 1991 en utilisant deux longueurs d'onde (two-color Z-can), l'une située dans la région d'absorption et l'autre dans la région de transparence du matériau et M. Sheik-Bahae *et coll.* [12] ayant également proposé l'utilisation de deux longueurs d'onde pour étudier l'absorption à deux photons non dégénérés (mesure effectuée sur ZnSe) ou de l'indice de réfraction non-linéaire non dégénéré (mesure effectué sur CS_2) en 1992.

C'est dans ce contexte très général que se place ce chapitre. Il présente quelques éléments qui faciliteront l'introduction des chapitres suivants plus particulièrement focalisés sur les résultats expérimentaux. Certains éléments de base ont été rappelés afin de faciliter la lecture du manuscrit sans recours à d'autres ouvrages. Nous commencerons par un rappel d'optique gaussienne introduisant les caractéristiques générales d'un faisceau gaussien et sa propagation dans un milieu non linéaire bien connu tel que le quartz, un milieu non linéaire bien connu. Nous utiliserons l'optique matricielle pour étudier et calculer analytiquement les caractéristiques d'un faisceau gaussien dans le milieu non linéaire, puis nous décrirons les dispositifs expérimentaux mis en œuvre. Grâce à notre nouvelle technique que nous avons appellé SHG-scan, ressemblant fortement à la technique Z-scan, nous étudierons la réponse optique non linéaire du cristal de quartz et d'un film diélectrique mince contenant des nanoparticules bimétalliques de type $Au_{1-x}Ag_x$. En particulier, nous nous intéresserons à la réponse du SHG et sa dépendance avec les effets non linéaire d'ordre 3 liées à l'interaction avec le champ incident. Afin de vérifier les résultats obtenus par la technique SHG-scan, une expérience complémentaire utilisant un cristal de BBO sera présentée. Enfin, nous décrirons une technique expérimentale que nous appellerons cette fois-ci Cache-Scan pour mettre en évidence la conservation du mode du champ gaussien de second harmonique généré par le film et le quartz.

II.2 Faisceaux gaussiens

La propagation libre des ondes électromagnétiques est souvent décrite de manière très simplifiée par des ondes planes. Ces ondes non limitées transversalement, caractérisées par une amplitude constante et des fronts d'onde plans, sont les solutions les plus simples des équations de Maxwell. Cependant les lasers utilisés dans les expériences délivrent des faisceaux dont le profil transverse en intensité (c'est-à-dire dans le plan perpendiculaire à la direction de propagation) est limité et le plus souvent de forme gaussienne. La description de tels faisceaux en termes d'ondes planes est donc mal adaptée. Nous montrons ici que ces faisceaux, appelés faisceaux gaussiens, sont également solutions des équations de Maxwell. Leur intérêt pour la description des lasers sera justifié au chapitre suivant pour décrire d'une manière exacte le champ électromagnétique dans une cavité, ce qu'on appelle encore les modes propres d'une cavité.

II.2.1 Mode fondamental des champs gaussiens

D'après les équations de Maxwell, l'équation de propagation d'onde linéaire dans le vide est :

$$\nabla^2 \vec{E}(\vec{r},t) = \mu_0 \varepsilon_0 \frac{\partial^2}{\partial t^2} \vec{E}(\vec{r},t) \tag{II.1}$$

La solution la plus simple de (II.1) est :

$$\vec{E}(\vec{r},t) = \frac{1}{2} E e^{i(\omega t - \vec{k}.\vec{r})} \hat{n} + c.c. \tag{II.2}$$

La solution (II.2) décrit une onde plane monochromatique de fréquence ω polarisée dans la direction $\hat{n}$ avec $(\hat{n} \perp \vec{k})$. Cette onde se propage dans la direction du vecteur d'onde $\vec{k}$ où $|\vec{k}| = 2\pi/\lambda = \omega/c$ et la vitesse de phase dans le milieu est donnée par $v = c/n$. Cette solution ne décrit cependant pas proprement un faisceau laser. Nous supposerons toutefois que le champ est toujours polarisé dans une direction parallèle au plan transverse :

$$\vec{E}(x,y,z,t) = \frac{1}{2} E(x,y,z) e^{i\omega t} \hat{n} + c.c. \tag{II.3}$$

où $E(x,y,z)$ est le champ scalaire associé à $\vec{E}(x,y,z,t)$. L'équation d'onde (II.1) peut se mettre sous la forme d'une équation scalaire :

$$[\nabla^2 + k^2] E(x,y,z) = 0 \tag{II.4}$$

Cette équation admet comme solution l'onde plane (II.2) :

$$E(x,y,z) = \varepsilon e^{-ikz} \tag{II.5}$$

avec une amplitude constante ε et une direction de propagation z. La forme (II.6) est cependant aussi solution :

$$E(x, y, z) = \varepsilon(x, y, z) e^{-ikz} \qquad \text{(II.6)}$$

De manière à tenir compte de la structure confinée caractéristique des faisceaux lasers, l'enveloppe complexe $\varepsilon(x, y, z)$ dépend maintenant, à la différence de l'onde plane (II.5), des coordonnées spatiales contenues dans le plan transverse, perpendiculaires à la direction de propagation. L'enveloppe complexe $\varepsilon(x, y, z)$ peut également dépendre de la coordonnée z comme l'indique la relation (II.6). L'approximation paraxiale suppose alors que la variation de l'enveloppe $\varepsilon(x, y, z)$ en fonction de la coordonnée z est beaucoup plus faible que les variations en fonction des autres coordonnées spatiales x et y ainsi que les variations du type $\exp(-ikz)$. En d'autres termes, l'enveloppe $\varepsilon(x, y, z)$ varie lentement dans la direction de propagation z sur une distance de l'ordre de la longueur d'onde λ :

$$\left|\frac{\partial \varepsilon}{\partial z}\right| << k|\varepsilon| \qquad \text{(II.7a)}$$

$$\left|\frac{\partial^2 \varepsilon}{\partial z^2}\right| << k\left|\frac{\partial \varepsilon}{\partial z}\right| \qquad \text{(II.7b)}$$

Reportant (II.6) dans (II.4) et en tenant compte de (II.7), nous obtenons :

$$\frac{\partial^2 \varepsilon}{\partial x^2} + \frac{\partial^2 \varepsilon}{\partial y^2} - 2ik\frac{\partial \varepsilon}{\partial z} = 0 \qquad \text{(II.8)}$$

Cette équation, appelée équation parabolique paraxiale, est à la base de la théorie des faisceaux gaussiens. C'est une équation différentielle linéaire du premier ordre en z que nous pouvons aussi écrire sous la forme :

$$i\frac{\partial \varepsilon}{\partial z} = \frac{1}{2k}\nabla_\perp^2 \varepsilon \qquad \text{(II.9)}$$

Le Laplacien transverse,

$$\nabla_{\perp}^2 = \frac{\partial^2}{\partial x^2} + \frac{\partial^2}{\partial y^2}$$

rend compte de la diffraction de l'onde électromagnétique dans le milieu.

L'équation d'onde (II.8) admet comme solution des ondes dont le profil transverse d'intensité est de forme gaussienne. Ces solutions sont appelées modes gaussiens. Nous allons décrire la solution qui présente une symétrie cylindrique. Cete solution est aussi connue sous le nom de mode fondamental. D'autres solutions de l'équation (II.8) sont appelées modes d'ordre supérieur et présentent des profils possédant des nœuds d'amplitude dans le plan transverse. En notant $r = (x^2+y^2)^{1/2}$ la coordonnée radiale dans le plan transverse, l'équation (II.8) devient pour un champ à symétrie cylindrique :

$$\frac{1}{r}\frac{\partial}{\partial r}(r\frac{\partial \varepsilon}{\partial r}) = 2ik\frac{\partial \varepsilon}{\partial z} \qquad \text{(II.10)}$$

II.2.2 Caractéristique du champ électrique gaussien

La solution générale $\varepsilon(r,z)$ de l'équation (II.10) s'écrit sous la forme suivante :

$$\vec{E}(r,z,t) = \frac{w_0}{w(z)} e^{-i\arctan(\frac{z}{z_r})} e^{-ik_{\perp}r_{\perp}^2/2Q(z)} e^{-ik_z z} e^{i\omega t} \hat{n} \qquad \text{(II.11)}$$

en introduisant le rayon de ceinture w_0 du faisceau incident à $z = 0$, la longueur de Rayleigh z_r et l'angle de divergence θ tels que :

$$z_r = \frac{\pi w_0^2}{\lambda} \qquad \text{(II.12)}$$

$$\theta = \frac{\lambda M^2}{\pi w_0} \qquad \text{(II.13)}$$

21

M^2 étant le coefficient de divergence du faisceau gaussien. $Q(z)$ est le rayon de courbure complexe dont l'expression générale est :

$$Q(z) = z + iz_r$$

et $k_\perp$ et k_z sont respectivement les composantes transversale et longitudinale du vecteur d'onde. De plus, le rayon $w(z)$ du faisceau à une position z donnée est :

$$w(z) = w_0 \sqrt{1 + \left(\frac{\lambda z}{\pi w_0^2}\right)^2}$$

Cette solution dont le champ électrique est donné ci-dessus est appelé mode TEM$_{00}$ [13] et son comportement dans l'espace libre est décrit par la Figure (II.1).

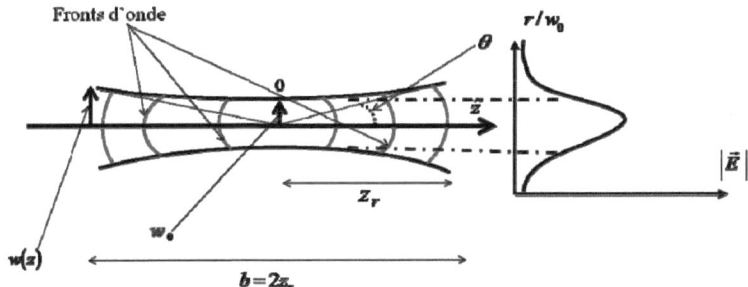

Figure II.1 : Schéma de propagation en espace libre pour le mode TEM$_{00}$. θ l'angle de divergence du faisceau, z_r représentant une mesure de la divergence du faisceau, b le paramètre confocal, w_0 le rayon de ceinture du faisceau, $w(z)$ le rayon du faisceau à une position donnée. La figure de droite représente la section transverse de la norme du champ électrique $|\vec{E}|$.

II.3 Matrices ABCD et propagation du champ électrique

Nous avons décrit en espace libre le mode fondamental d'un champ électrique gaussien en Figure (II.1). Lors de la propagation, ce mode gaussien évolue en fonction de la distance, en divergeant notamment, voir Figure (II.1). La propagation de ce mode peut-être décrite simplement à l'aide des matrices ABCD qui sont définies au dessous. De la sorte, nous pourrons en particulier décrire le mode fondamental qui nous intéresse dans le milieu matériel. La propagation d'un rayon lumineux à travers une structure formée d'éléments optiques (dioptres, miroirs, lentilles, cristal….) est ainsi décrite par une succession de matrices de transfert.

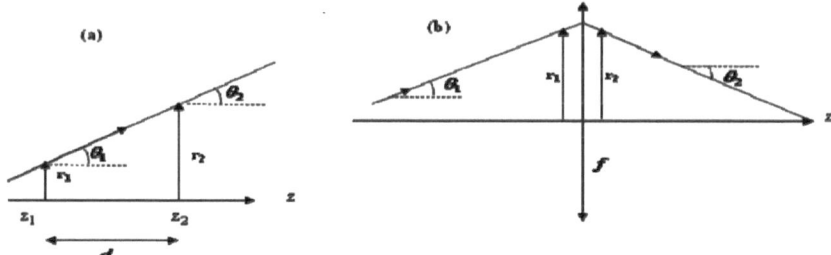

Figure II. 2 :   Propagation d'un rayon lumineux. (a) propagation libre sur une distance $d = z_2 - z_1$, (b) passage à travers une lentille de longueur focale f.

Une telle matrice M est définie par ses éléments, notés conventionnellement A, B, C et D, d'où le nom porté par la méthode :

$$M = \begin{pmatrix} A & B \\ C & D \end{pmatrix}$$

Les différents éléments de cette matrice s'écrivent alors en fonction des paramètres caractéristiques du système optique traversé et les vecteurs associés aux matrices sont des vecteurs colonnes r_i à deux éléments. Le premier élément est la distance à l'axe optique et le seconde l'inclinaison du rayon sur l'axe optique, voir la Figure (II.2). Les rayons incidents r_1 et émergent r_2 sont alors reliés par la relation fondamentale $r_2 = M r_1$.

La matrice d'un système composé de plusieurs sous-systèmes élémentaires, tels ceux que nous venons de décrire, est le produit des matrices de chaque sous-système. Si le rayon lumineux traverse successivement N sous-systèmes de matrice respective M$_1$, M$_2$,……, M$_N$, alors le rayon sortant r_2 est égal à $M_N[\ldots\ldots M_2[M_1 r_1]\,]$. La matrice résultante M s'exprime donc comme le produit matriciel $M = M_N.....M_2 M_1$. Par exemple, pour un rayon traversant une lentille de distance focale f puis se propageant ensuite librement sur une distance d, la matrice M s'écrit :

$$M = \begin{pmatrix} 1 & d \\ 0 & 1 \end{pmatrix}\begin{pmatrix} 1 & 0 \\ -1/f & 1 \end{pmatrix} = \begin{pmatrix} 1-d/f & d \\ -1/f & 1 \end{pmatrix}$$

Expérimentalement, le trajet parcouru par le faisceau laser consiste en plusieurs sections correspondant à différentes composants optiques représentées sur la Figure (II.3).

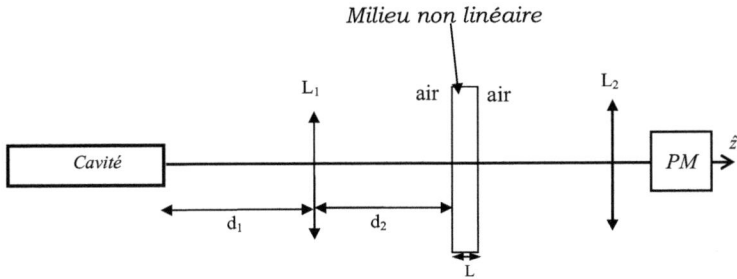

Figure II.3 : Représentation schématique de la propagation d'un faisceau gaussien à travers les éléments optiques du montage expérimental (PM signifie le photomultiplicateur).

Les matrices ABCD correspondantes sont donc :

1. la matrice (M_1) correspondant à la propagation libre sur une distance d_1
2. la matrice (M_2) correspondant à la propagation dans la lentille de focale f
3. la matrice (M_3) correspondant à la propagation libre sur une distance d_2
4. la matrice (M_4) correspondant au dioptre d'entrée dans le matériau
5. la matrice (M_5) correspondant à la propagation libre dans le matériau non linéaire sur une distance L
6. la matrice (M_6) correspondant au dioptre de sortie dans le matériau

et dont les expressions sont :

$$M_1 = \begin{pmatrix} 1 & d_1 \\ 0 & 1 \end{pmatrix} \qquad M_2 = \begin{pmatrix} 1 & 0 \\ -1/f & 1 \end{pmatrix} \qquad M_3 = \begin{pmatrix} 1 & d_2 \\ 0 & 1 \end{pmatrix}$$

$$M_4 = \begin{pmatrix} 1 & 0 \\ 0 & n_1/n_m \end{pmatrix} \qquad M_5 = \begin{pmatrix} 1 & L \\ 0 & 1 \end{pmatrix} \qquad M_6 = \begin{pmatrix} 1 & 0 \\ 0 & n_m/n_1 \end{pmatrix}$$

L'indice de l'air est pris égal à $n_1 = 1$ [14], milieu dans lequel est plongé le milieu non linéaire et n_m est l'indice du milieu non linéaire. Dans certains milieux (cristaux de YAG, YVO$_4$...) [15-20], la propagation d'un faisceau gaussien focalisé avec une intensité élevée crée des effets non linéaires, en particulier l'effet Kerr optique pour lequel l'indice optique est une fonction de l'intensité I incidente, c'est-à-dire que $n_m = n(I)$. L'expression linéaire de cet indice est alors la suivante :

$$n_m = n_0 + n_2 I$$

avec n_0 l'indice de réfraction linéaire du milieu et n_2 l'indice non linéaire qui s'exprime en unités m^2/W. L'intensité du faisceau incident en unités W/m^2 à la position z le long de la direction propagation est donc inversement proportionnelle à la section transverse du faisceau $w(z)^2$ où $w(z)$ est le rayon du faisceau à la position z, voir Figure (II.1).

Le champ électrique du mode gaussien fondamental étant totalement connu par le paramètre $Q(z)$, nous pouvons déduire l'expression du champ électrique le long du chemin de propagation suivant les éléments optiques à l'aide de la matrice ABCD représentant les sous-systèmes optiques [13]. Le rayon complexe $Q_1(z)$ incident est alors relié au rayon complexe émergent $Q_2(z)$ par la relation :

$$Q_2(z) = \frac{A Q_1(z) + B}{C Q_1(z) + D} \tag{II.14}$$

Par ailleurs, puisque le mode fondamental est défini par la cavité laser, nous pouvons prendre l'origine de l'axe z au niveau du rayon de ceinture dans la cavité. Ainsi, nous avons :

$$Q_1(0) = i z_R \tag{II.15}$$

25

$$Q_2(z) = z' + iz'_R \qquad\qquad (II.16)$$

$Q_2(z)$ étant un nombre complexe composé d'une partie imaginaire égale au nouveau paramètre de Rayleigh z'_R en sortie du milieu non linéaire et d'une partie réelle z' égale à la position du nouveau col du faisceau. z'_R et z' sont déterminés à une position z le long de la direction de la propagation. En utilisant (II.15) dans (II.14), l'expression (II.14) peut être écrite sous la forme :

$$Q_2(z) = \frac{ACz_R^2 + BD}{C^2 z_R^2 + D^2} + \frac{iz_R(DA - BC)}{C^2 z_R^2 + D^2} \qquad\qquad (II.17)$$

où A, B, C et D sont obtenus par produit des matrices élémentaires de la propagation. Par identification des expressions (II.17) et (II.16), nous en déduisons la valeur de la nouvelle longueur de Rayleigh z'_R :

$$z'_R = \frac{z_R(DA - BC)}{C^2 z_R^2 + D^2} \qquad\qquad (II.18)$$

Le nouveau rayon de ceinture est quant à lui :

$$w'^2_0 = \frac{\lambda z'_R}{\pi} \qquad\qquad (II.19)$$

avec, en tout point z, voir Figure (II.3) :

$$w'^2(z) = w'^2_0 \left[1 + \frac{z^2}{z'^2_R}\right] \qquad\qquad (II.20)$$

La position du nouveau rayon de ceinture w'_0 est par ailleurs :

$$z' = \frac{ACz_R^2 + BD}{C^2 z_R^2 + D^2} \qquad\qquad (II.21)$$

Le champ électrique du mode gaussien incident de fréquence fondamentale ω à une position z dans le milieu non linéaire est donc :

$$E^{(\omega)}\left(r,z,t\right) = \frac{w'_0}{w'(z)} e^{-i\arctan(z/z'_R)} e^{-ik_\perp^\omega r^2/2Q_2(z)} e^{-ik_{//}^\omega z} e^{i\omega t} \tag{II.22}$$

II.4 Résultats numériques

Afin de calculer le nouveau rayon de ceinture et la nouvelle longueur de Rayleigh du faisceau gaussien à la fréquence fondamentale ω en présence de l'échantillon, nous avons déterminé le diamètre du faisceau et sa position après la lentille L_1 sans l'échantillon. Cette démarche est le préalable à l'expérience.

II.4.1 Cas sans l'échantillon

Pour calculer le nouveau col du faisceau gaussien après la lentille L_1, nous devons utiliser uniquement les deux matrices M_1 et M_2. La Figure (II.4) décrit le trajet considéré dans ce cas. La matrice totale M est donc :

$$M = M_2 \times M_1 = \begin{pmatrix} 1 & d_1 \\ -1/f & 1-d_1/f \end{pmatrix}$$

et la figure correspondante :

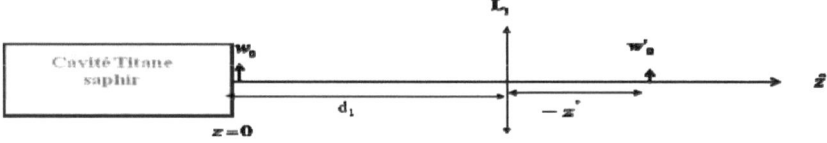

Figure II.4 : Représentation schématique de nouveau spot du faisceau gaussien placé après la lentille L_1.

avec $A=1$; $B=d_1$; $C=-1/f$ et $D=1-d_1/f$. En insérant l'expression de ces éléments dans les deux expressions (II.18) et (II.21), nous obtenons la nouvelle longueur de Rayleigh z'_R

et la distance entre le nouveau col et la lentille mince L_1 définie par $-z'$ comme l'indique la Figure (II.4) où $z' < 0$, voir l'expression (II.24).

$$z'_R = \frac{z_R}{z_R^2 / f^2 + (1 - d_1 / f)^2} \tag{II.23}$$

$$z' = \frac{-z_R^2 / f + d_1 \left(1 - (d_1 / f)\right)}{z_R^2 / f^2 + (1 - d_1 / f)^2} \tag{II.24}$$

Pour le laser Titane-Saphir de type Coherent Mira 900 en notre possession, l'angle de divergence est $\theta = 0.85 \ mrad$, la longueur d'onde fondamentale $\lambda = 782$ nm et $M^2 = 1.1$ pour le mode gaussien fondamental. En introduisant ces paramètres dans l'expression (II.13) et en utilisant l'expression (II.12), nous obtenons la position initiale du col du faisceau et sa longueur de Rayleigh en sortie de la cavité : $w_0 = 322 \ \mu m$ et $z_R = 416 \ mm$. Nous utiliserons dans nos expériences des lentilles L_1 de quatre distances focales différentes : 25, 50, 75 et 100 mm, placées à une distance $d_1 = 1040 \ mm$ de la cavité du laser. La distance focale de 25 mm sera utilisée dans la technique Cache-scan, voir le paragraphe (II.7). Les trois autres distances focales seront appliquées dans les techniques SHG-scan et SHG-scan sur BBO, voir les paragraphes (II.5) et (II.6). Dans ce cas, en utilisant les expressions (II.23) et (II.24), nous déterminons la distance entre la lentille L_1 et la position de nouveau rayon de ceinture du faisceau gaussien $-z'$, voir la Figure (II.4), ainsi que le paramètre confocal $b = 2n_0 z'_R$ de ce faisceau, où n_0 est l'indice du milieu de propagation [20]. A partir des expressions (II.19) et (II.20), nous déduisons les valeurs numériques du diamètre $2w'_0$ du faisceau au col et du diamètre du faisceau à l'entrée de l'échantillon $2w_{Ent}$. Les valeurs de ces paramètres sont présentées plus loin dans le Tableau (II.1).

II.4.2 Cas avec l'échantillon

Pour bien comprendre les résultats expérimentaux présentés dans les paragraphes suivants, nous décrirons nos résultats numériques en prenant un cristal du quartz comme échantillon avec une épaisseur $L = 5 \ mm$ et un indice optique égal à l'indice ordinaire du quartz à la fréquence fondamentale $n_m = n_0 = 1.53$ [14, 21], en rappelant que la matrice totale M est le produit des six matrices élémentaires $M = M_6 \times M_5 \times M_4 \times M_3 \times M_2 \times M_1$. Nous obtenons après plusieurs étapes de calcul :

$$A = -(n_m L)/(fn_m) - d_2/f + 1$$
$$B = ((1 - d_1/f)n_1 L)/n_m + d_2(1 - d_1/f) + d_1$$
$$C = -1/f$$
$$D = 1 - d_1/f$$

En reportant les termes A, B, C et D dans les expressions (II.18) et (II.21) et en utilisant (II.19), nous obtenons donc le paramètre confocal $b = 2n_0 z_R'$, et le diamètre de col $2w_0'$ du faisceau gaussien. A partir des expressions (II.20) et (II.21), nous calculons le diamètre $2w_{Ent}$ du faisceau à l'entrée de l'échantillon et la distance entre la lentille L_1 et la position du col du faisceau gaussien $-z'$. Les valeurs numériques de ces paramètres sont présentées dans le Tableau (II.1-3), pour les trois cas suivants :

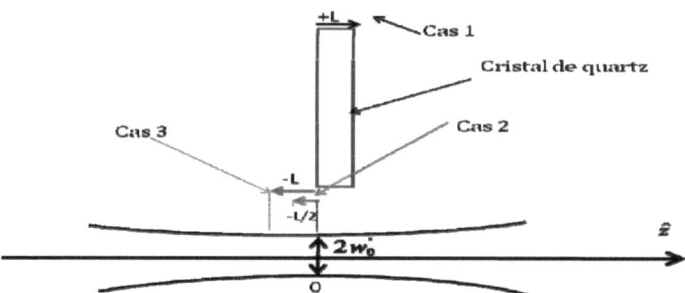

Figure II.5 :   Schéma représentant les trois positions du cristal de quartz autour du col du faisceau gaussien w_0' calculé dans le cas sans échantillon, voir la figure (II.4).

Cas 1 :   le dioptre d'entrée de l'échantillon est situé au niveau de la position du col du laser, voir Figure (II.5). Ce cas est donc confondu avec celui sans échantillon.

f/mm	$2w_0'/\mu m$	$2w_{Ent}/\mu m$	b/mm	$-z'/mm$
25	14.6	14.6	0.4	25.5

50	29.9	29.9	1.8	52.1
75	45.9	45.9	4.2	79.9
100	62.6	62.6	7.8	108.8

Tableau II.1 : Valeurs théoriques du diamètre de col du faisceau $2w_0^{'}$, du diamètre du faisceau à l'entrée de cristal de quartz $2w_{Ent}$ / μm, du paramètre confocal du faisceau b et de la distance entre la lentille L_1 et le col du faisceau $-z'$.

Cas 2 : le dioptre d'entrée de l'échantillon est décalé d'une distance $-L/2$ de la position du col du laser, voir la Figure (II.5).

f / mm	$2w_0^{'}$ / μm	$2w_{Ent}$ / μm	b / mm	$-z'$ / mm
25	18.4	212	0.66	26.8
50	37	110	2.7	53.4
75	56.8	88	6.5	81.2
100	76.4	91	12	110.2

Tableau II.2 : Valeurs théoriques du diamètre de col du faisceau $2w_0^{'}$, du diamètre du faisceau à l'entrée de cristal de quartz $2w_{Ent}$ / μm, du paramètre confocal du faisceau b et la distance entre la lentille L_1 et le col du faisceau $-z'$.

Cas 3 : le dioptre d'entrée de l'échantillon est décalé d'une distance $-L$ de la position du col du laser, voir la Figure (II.5).

f / mm	$2w_0^{'}$ / μm	$2w_{Ent}$ / μm	b / mm	$-z'$ / mm
25	18.1	422	0.66	28.2
50	37	210	2.7	54.8
75	56.8	144	6.5	82.6
100	76.4	126.6	12	111.6

Tableau II.3 : Valeurs théoriques du diamètre de col du faisceau $2w_0^{'}$, du diamètre du faisceau à l'entrée de cristal de quartz $2w_{Ent}$ / μm, du paramètre confocal du faisceau b et la distance entre la lentille L_1 et le col du faisceau $-z'$.

En comparant le cas 2 et le cas 1, nous remarquons une augmentation des paramètres $2w_0'$, $2w_{Ent}$, b et $-z'$. Cette augmentation est faible pour le paramètre confocal b et pour la distance entre la lentille L_1 et le col du faisceau au point focal $-z'$, mais devient forte pour le diamètre du spot $2w_0'$ et pour celui du faisceau à l'entrée du cristal $2w_{Ent}$. Cette différence des paramètres provient de deux effets : position du dioptre d'entrée du cristal et déplacement du cristal sur la distance -L/2, voir la Figure (II.5). Par contre, en comparant le cas 3 avec le cas 2, nous ne percevons aucun effet du déplacement du cristal sur b et $2w_0'$. Toutefois, ce décalage est important pour $2w_{Ent}$ et faible pour $-z'$. Les Tableaux (II.1-3) montrent par ailleurs que les valeurs de la distance entre la lentille L_1 et la position du col du faisceau gaussien $-z'$ calculées par l'optique gaussienne sont proches de celles de la distance focale f correspondant à la valeur attendue par l'optique géométrique.

A l'aide des valeurs numériques de ces paramètres, nous pourrons comprendre et analyser nos résultats expérimentaux présentés dans les paragraphes suivants.

II.5 Expériences de SHG – scan

L'objectif principal de ce travail expérimental est d'étudier la réponse non linéaire d'un film composé de nanoparticules métalliques. Cette réponse dépend quadratiquement avec l'intensité fondamentale. Comme nous l'avons vu dans le paragraphe précédent, le diamètre, et donc l'intensité du faisceau fondamental, dépend de la lentille et de la position de l'échantillon. Le but de l'expérience est donc de mesurer l'intensité SHG générée par l'échantillon en fonction du déplacement de l'échantillon le long de la direction de propagation. La première mesure consiste à déterminer le spectre enregistré autour de la fréquence harmonique pour chaque pas de déplacement de l'échantillon à une fréquence fondamentale fixe. Cette mesure permet en particulier de s'assurer qu'un signal SHG est bien enregistré. Cette étude nous a permis de déduire une cartographie en trois dimensions du signal SHG en fonction du déplacement et de la longueur d'onde. La mesure du signal SHG à travers le col du faisceau laser fondamental est donc très similaire à une expérience classique de Z-scan [22-27] pour laquelle la mesure est effectuée à la fréquence fondamentale et permet en particulier d'obtenir l'indice complexe non linéaire [28,29] du milieu. Dans notre cas, en raison d'un détecteur peu adapté à cette mesure (le monochromateur est adaptée à une détection dans le visible proche de

31

400 nm et non pas à 800 nm), nous avons choisi de réaliser une expérience similaire mais avec une détection à la fréquence harmonique, d'où le nom donné ici à cette expérience. Ces mesures ont été rendues indispensables en raison de résultats expérimentaux surprenants décrits ultérieurement, en Chapitre VI. Il a ainsi été nécessaire de déterminer le rôle possible d'un effet non linéaire d'ordre 3 [30-33] dans le processus d'ordre 2. Nous verrons au Chapitre suivant une seconde origine pouvant être responsable des observations.

Tout d'abord nous allons présenter le dispositif expérimental mis en œuvre pour mesurer les effets de la position de l'échantillon sur l'intensité SHG. Ce dispositif expérimental est composé de trois systèmes : une source laser, un échantillon et une détection, voir Figure (II.6).

II.5.1 Laser et Optique

Nous débutons par la description de la source laser. Pour réaliser les expériences de SHG - scan, nous avons utilisé comme source laser un oscillateur femtoseconde Titane-Saphir (Cohérent, Mira 900) pompé par un laser continu (Coherent, Verdi) délivrant une puissance de 5 W à 532 nm. En sortie d'oscillateur, nous obtenons des impulsions d'une durée d'environ 180 fs et d'une puissance moyenne d'environ 500 mW autour de 800 nm à la fréquence de répétition de 76 MHz. Il est possible de travailler dans deux zones spectrales différentes: 750-900 nm avec un optimum à 800 nm et 950-1050 nm avec un optimum à 970 nm pour un jeu d'optiques propre à ce domaine.

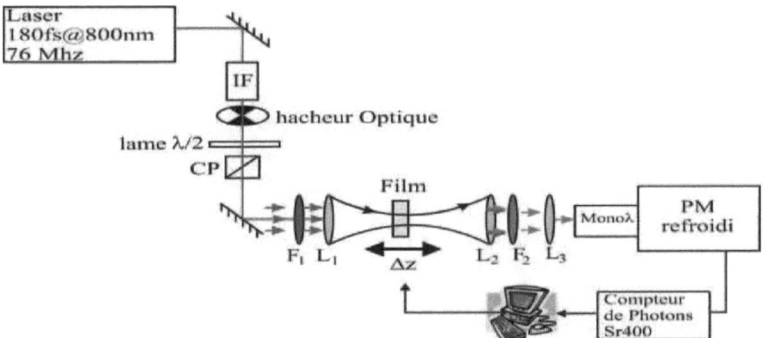

Dans le cadre de ce travail, le laser a été utilisé dans la première zone spectrale autour de 800 nm, l'énergie par impulsion étant alors de l'ordre de 10 nJ en sortie de cavité. A la sortie du laser, nous avons disposé un isolateur de Faraday qui permet d'éviter des retours du faisceau vers la cavité. Un hacheur optique (Stanford Research Systems, SR540) permet de réaliser un comptage de photons à porte dans le but d'éliminer en temps réel le bruit de fond, le principe étant détaillé dans le paragraphe (II.5.2). Ce hacheur optique est une roue alternativement et régulièrement pleine et évidée tournant à une fréquence de 130 Hz environ. La polarisation du faisceau incident à la fréquence fondamentale ω est linéaire et est contrôlée par une lame demi-onde. Cette lame est montée sur une platine de rotation motorisée et automatisée avec une précision au dixième de degré. A la suite de celle-ci, nous avons disposé un cube polariseur (CP) dans le but de faire varier la puissance du faisceau incident. Un filtre rouge est disposé ensuite avant l'échantillon permettant de supprimer tout signal à la fréquence 2ω potentiellement généré par les éléments optiques précédant l'échantillon ainsi que les résidus du faisceau de pompe à 532 nm. En particulier, la lame demi-onde a une forte section efficace pour la génération de second harmonique car elle est constituée pour partie d'une lame de quartz cristalline. Le faisceau est focalisé avec une lentille mince L1 d'une distance focale f comprise entre 25 et 100 mm. L'échantillon est déplacé par une platine de translation sur une longueur de 120 mm environ, elle-même contrôlée par un programme développé sous Labview au sein de notre équipe. En utilisant les valeurs du diamètre présentées dans le Tableau (II.1), le faisceau peut être focalisé avec une surface minimale S comprise entre 1.67×10^{-6} et 3.08×10^{-6} cm^2. L'impulsion incidente a une puissance crête $P_c = 14.8$ kW. Ceci permet de déduire une intensité crête $I_c = P_c / S$ comprise entre 0.48 et 8.8 GW/cm^2. L'obtention de ces valeurs nous permettra de discuter nos résultats présentés dans les paragraphes suivants. Toutefois, il est nécessaire de savoir dans quel régime de puissance nous effectuerons nos expériences. Pour cela, la puissance critique pour obtenir un régime de filamentation dans le cristal du quartz est donnée par $P_{cr} = \pi(0.61)^2 \lambda^2 / 8n_0 n_2$ [17]. Dans notre cas, nous obtenons $P_{cr} = 1.9$ MW avec la longueur d'onde $\lambda = 782$ nm, l'indice de réfraction linéaire du quartz $n_0 = 1.54$ [14,21] et l'indice non linéaire du quartz n_2 qui vaut 3×10^{-16} cm^2 /W [34]. Nous observons clairement que $P_c << P_{cr}$. Ceci nous permet de déduire que les expériences sont réalisées dans un régime de puissance où il n'existe pas de phénomène de filamentation. Nous sommes donc dans un régime de puissances crêtes plutôt faibles a priori. Une deuxième lentille mince L2 est fixée après l'échantillon pour collecter les faisceaux émergents fondamental ω et harmonique 2ω générés par l'échantillon. Un filtre bleu est placé après la lentille L2 afin d'éliminer le faisceau à la fréquence fondamentale. L'intensité SHG est enfin collectée par une lentille mince L3 de focale 25 mm située à l'entrée d'un monochromateur (ACTON, SP150) couplé à un photomultiplicateur refroidi (Hamamatsu R943-02). Le signal du photomultiplicateur est recueilli par un compteur de photons (Stanford Research Systems, SR 400) couplé à un ordinateur.

II.5.2 Appareils de détection

Le monochromateur est composé d'un réseau blazé à 500 nm comportant 1200 traits/mm, d'une résolution maximale de 0.1 nm et dont la transmission est proche de 80 % pour cette longueur d'onde puis diminuant jusqu'au bord du domaine spectral vers 350 et 800 nm. Il permet une sélection spectrale du signal non linéaire dans la zone spectrale correspondant à la raie SHG, autour de 400 nm. Le signal ainsi sélectionné est détecté par un photomultiplicateur refroidi (Hamamatsu R943-02) puis envoyé dans un compteur de photon (Stanford Research Systems, SR400). Le compteur de photon réalise un comptage à porte sur 2 voies, l'une pour le signal et le bruit, l'autre pour le bruit uniquement, voir Figure (II.7).

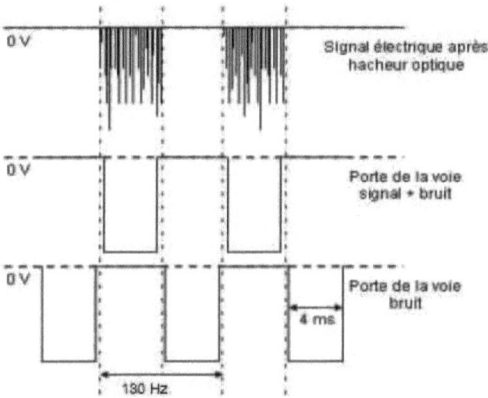

Figure II.7 :   Principe du comptage de photons à porte pour une fréquence de hacheur optique de 130 Hz.

Les photons étant donc comptés ainsi alternativement sur une voie puis l'autre, le signal est obtenu par soustraction des deux voies. Le rôle du discriminateur est important et a été ajusté avec précaution au début des expériences. Un discriminateur trop élevé et des photons de signal pourraient être considérés comme provenant du bruit. A l'inverse, un discriminateur trop bas et des photons de bruit seront assimilés à des photons de signal. Le rapport signal sur bruit est ainsi optimisé en ajustant le seuil du discriminateur.

II.5.3 Echantillons

Nous avons réalisé des mesures de SHG-scan sur différents échantillons en particulier un cristal du quartz de type z-cut pour des mesures initiales de faisabilité puis de référence et des films d'alliages de nanoparticules bimétalliques de type $Au_{1-x}Ag_x$. Les caractéristiques de ces films de nanoparticules seront détaillées plus loin, dans le chapitre IV.

II.5.4 Résultats et discussions

Pour chaque mesure, nous avons optimisé le temps d'acquisition, le pas de déplacement de la platine de translation de l'échantillon, le pas de la longueur d'onde de la détection, la tension de PM ainsi que la puissance du laser. Dans tous les cas, une rotation du cristal est effectuée autour d'un axe de rotation parallèle à la direction de propagation afin de rechercher les maxima d'intensité sur lesquels placer la position du cristal. Dans ce cas, la normalisation des échantillons s'en trouve simplifiée car la direction x du cristal coïncide avec la direction verticale du laboratoire.

II.5.4.1 Cas du quartz

Dans l'objectif de mesurer le signal SHG de films de nano particules puis de déterminer une hyperpolarisabilité quadratique absolue, nous nous sommes tout d'abord intéressés à la génération de second harmonique dans les cristaux de quartz. Nous avons utilisé deux épaisseurs différentes de cristaux de quartz : la première de 0.5 mm et la seconde de 5 mm. Nous avons ensuite réalisé des mesures à l'aide de différentes longueurs focales pour la lentille mince L1. Pour chaque spectre décrit sur les Figures (II.8), (II.9), (II.10) et (II.11) suivantes, nous avons fait varier la longueur d'onde de détection de 388 nm à 396 nm autour de la longueur d'onde moitié de la longueur d'onde fondamentale et avons déplacé l'échantillon sur une distance de l'ordre de 20 mm. La Figure (II.11) montre notamment clairement dans le spectre en longueur d'onde une bande étroite avec un maximum d'intensité localisé à 391 nm. Cette bande est attribuée au signal de second harmonique SHG généré par le cristal du quartz. En déplaçant l'échantillon, nous observons que le maximum d'intensité harmonique est obtenu pour le cristal situé au point focal. Cependant, dans le cas du quartz d'épaisseur de 5 mm, il apparaît une grande vallée lorsque le faisceau incident est focalisé avec une lentille de focale $f = 50$ mm, voir Figure (II.8). Cette vallée diminue lorsque la focale de la lentille L1 est $f = 75$ mm, voir Figure (II.9), et plus aucune vallée n'est observée pour une focale de 100 mm comme le montre la Figure (II.10).

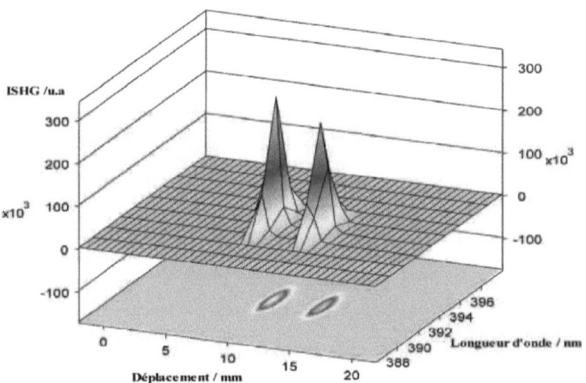

Figure II.8 : Intensité SHG du quartz de 5 mm d'épaisseur en fonction de son déplacement, et aussi en fonction de la longueur d'onde diffusée, obtenue par SHG-scan pour une longueur d'onde d'excitation de 782 nm et une focale de 50 mm.

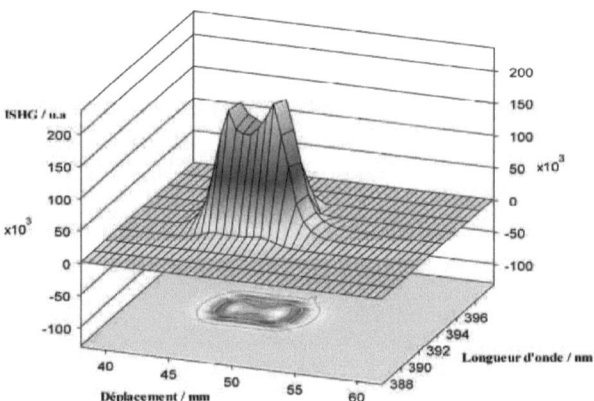

Figure II.9 : Intensité SHG du quartz de 5 mm d'épaisseur en fonction de son déplacement, et aussi en fonction de la longueur d'onde diffusée, obtenue par SHG-scan pour une longueur d'onde d'excitation de 782 nm et une focale de 75 mm.

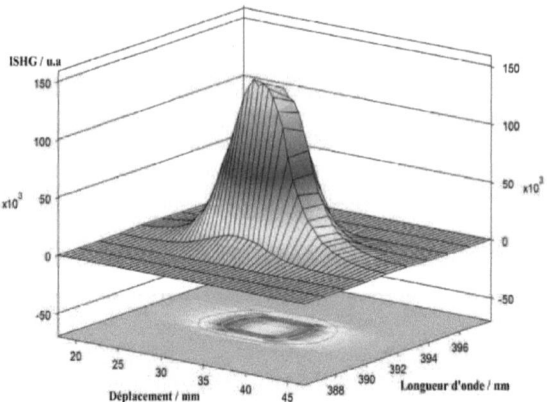

Figure II.10 : Intensité SHG du quartz de 5 mm d'épaisseur en fonction de son déplacement, et aussi en fonction de la longueur d'onde diffusée, obtenue par SHG-scan pour une longueur d'onde d'excitation de 782 nm et une focale de 100 mm.

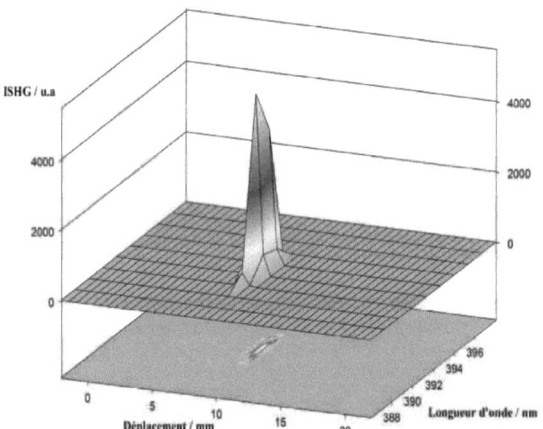

Figure II.11 : Intensité SHG du quartz de 0.5 mm d'épaisseur en fonction de son déplacement, et aussi en fonction de la longueur d'onde diffusée, obtenue par SHG-scan pour une longueur d'onde d'excitation de 782 nm et une focale de 50 mm.

Ainsi, plus la distance focale augmente et plus la profondeur de la vallée diminue jusqu'à disparaître pour une focale de *100* mm dans le cas du cristal de 5 mm d'épaisseur. Pour les trois distances focales, le milieu de la vallée est centré sur la position du col du

37

faisceau gaussien $-z'$, voir Tableau (II.2). Dans le cas du quartz d'épaisseur de 0.5 mm, nous avons réalisé dans les mêmes conditions expérimentales que précédemment l'étude en fonction de la distance focale et nous n'avons observé aucune vallée, quelque soit la distance focale de la lentille L1. L'apparition d'une vallée au centre d'un spectre d'intensité SHG est donc dépendante à la fois de la lentille de focalisation L1 et de l'épaisseur de l'échantillon de quartz. La Figure (II.8) montre une vallée large et profonde qui se trouve entre deux pics d'intensité à une distance approximativement égale à la distance entre les deux faces du cristal de quartz. La Figure (II.9) indique aussi une vallée à une largeur à peu près égale à l'épaisseur du cristal de quartz. La question se pose donc de l'origine de cette vallée même si un effet de surface semble privilégié en raison de cet écartement des maxima d'intensité égal à l'épaisseur du cristal. Toutefois, nous pourrions aussi supposer qu'elle provient d'un effet Kerr optique en raison d'un effet de défocalisation sur le dioptre d'entrée. Il est en effet possible d'observer ce phénomène en raison des variations de l'indice de réfraction non linéaire avec l'intensité de l'onde incidente intense :

$$n_m = n_0 + n_2 I \qquad\qquad\qquad\qquad (II.25)$$

avec n_0 l'indice de réfraction linéaire du milieu, I l'intensité du champ incident en W/cm^2, et n_2 l'indice non linéaire du milieu en cm^2/W. Cet indice non linéaire [35] est défini par :

$$n_2 = \frac{3}{4\varepsilon_0 c n_0^2} \operatorname{Re}\left[\chi^{(3)}\right] \qquad\qquad\qquad (II.26)$$

où ε_0 est la permittivité électrique du vide, c est la vitesse de la lumière dans le vide et $\operatorname{Re}[\chi^{(3)}]$ la partie réelle de la susceptibilité non linéaire d'ordre 3 du milieu. Pour le cristal de quartz $\chi^{(3)} = 2.4 \times 10^{-22}\ m^2/V^2$ [34] et l'indice non linéaire du quartz est donc $n_2 = 3 \times 10^{-16}\ cm^2/W$. Pour une impulsion incidente ayant une intensité crête maximale de $I = I_c = 8.8\ GW/cm^2$ obtenue avec notre source laser, nous pouvons en déduire la valeur de $n_2 I \approx 10^{-6}$. Nous sommes donc dans un régime tel que $n_2 I \ll n_0$ et donc *a priori* $n_m = n_0 \neq f(I)$. Nous en concluons donc que l'indice de réfraction non linéaire du cristal de quartz n_m peut être pris indépendant de la variation de l'intensité du faisceau incident focalisé *I* dans les régimes de puissances étudiés. Cet indice ne joue aucun rôle de type effet Kerr dans les résultats expérimentaux observés. L'origine de cette vallée provient en fait d'un effet lié à la phase de Gouy [36-38] que nous allons discuter avec une théorie plus complète de la génération de second harmonique SHG des faisceaux gaussiens fortement focalisés, voir Chapitre III.

II.5.4.2 Cas du film

Nous avons aussi réalisé des mesures similaires en fonction de la longueur d'onde et du déplacement de l'échantillon pour les films contenant les nano particules bimétalliques. Nous avons tout d'abord testé une éventuelle génération de second harmonique du substrat composé de silice et aussi de la matrice d'alumine seule. Aucun signal n'a été observé dans les deux cas. Par ailleurs, l'étude fine de l'origine de cette réponse SHG des nanoparticules sera discutée au Chapitre IV. Les Figures (II.12) et (II.13) indiquent, comme dans le cas du quartz, l'apparition d'une vallée, plus importante dans le cas d'une lentille L1 de longueur focale 50 mm que dans le cas d'une longueur focale de 75 mm. Les Figures (II.12) et (II.13) indiquent aussi que le fond de la vallée est situé autour de la position du col du faisceau gaussien $-z'$, voir le Tableau (II.3). Dans la Figure (II.13), nous voyons clairement autour du centre de cette vallée un signal faible variant entre les longueurs d'onde comprises entre 388 et 396 nm. Ce signal s'étalant sur un spectre large sera étudié de manière plus approfondie dans le chapitre VI. Bien que cette fois-ci le film possède une épaisseur bien inférieure au paramètre confocal du faisceau, voir Tableau (II.1), nous obtenons une vallée qui a une largeur bien supérieure à l'épaisseur du film. De plus, en prenant le cas de la Figure (II.12), nous remarquons aussi que les deux maxima d'intensité ne possèdent pas la même valeur d'intensité.

La largeur de la vallée obtenue pour la Figure (II.12) est de l'ordre de 12 mm. Par contre, celle de la Figure (II.13) n'est que de 8 mm environ. L'origine semble être différente du cas du quartz ce qui pose la question du rôle de l'absorption non linéaire au voisinage du col du faisceau incident. Nous savons par ailleurs que cette absorption dans les films de nanoparticules métalliques a déjà été remarquée pour sa forte non linéarité [9,10].

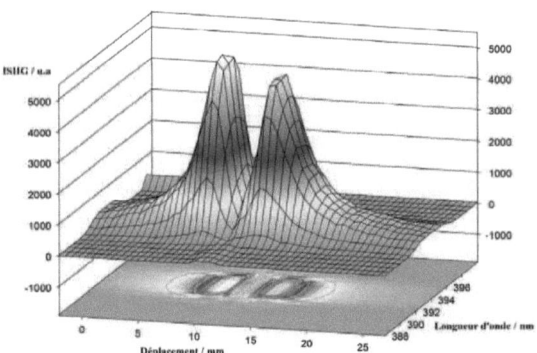

Figure II.12 :   Intensité SHG du film Au₇₅Ag₂₅ de 445 nm d'épaisseur en fonction de son déplacement, et aussi en fonction de la longueur d'onde diffusée, obtenue par SHG-scan pour une longueur d'onde d'excitation de 782 nm et une focale de 50 mm.

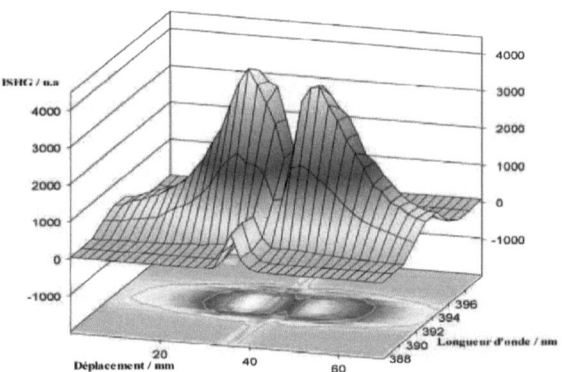

Figure II.13 :   Intensité SHG du film Au₇₅Ag₂₅ de 445 nm d'épaisseur en fonction de son déplacement, et aussi en fonction de la longueur d'onde diffusée, obtenue par SHG-scan pour une longueur d'onde d'excitation de 782 nm et une focale de 75 mm.

Pour répondre à cette question, nous présentons une estimation de l'absorption non linéaire β définie par l'équation suivante [39,40] :

$$\beta = \frac{3\omega_0}{2n_0^2 c^2 \varepsilon_0} \operatorname{Im}\left[\chi^{(3)}\right] \tag{II.27}$$

40

où ω_0 est la fréquence du laser, n_0 l'indice de réfraction linéaire du milieu à la longueur

d'onde fondamentale λ_0, ε_0 la permittivité diélectrique du vide, c la vitesse de la lumière

dans le vide et $\text{Im}[\chi^{(3)}]$ la partie imaginaire de la susceptibilité non linéaire d'ordre 3 du

milieu. Comme nous n'avons pas la valeur exacte de β pour notre film de nanoparticules

bimétallique Au75Ag25, nous utilisons un coefficient d'absorption non linéaire ayant la valeur

approchée $\beta = -2 \times 10^{-7} \, cm/W$, tirée de la Référence [41] et valable pour un film contenant

des nanoparticules d'or dont les propriétés physiques sont détaillées dans cette même

référence [41]. Celles-ci sont très proches de celles de notre film Au75Ag25, au-delà de la

composition stœchiométrique des particules du film. Nous avons choisi en effet un

coefficient β pour un film contenant des nanoparticules d'or puisque la composition de notre

film en or est plus importante que celle en argent. L'intensité crête du faisceau incident

focalisé pour une distance focale $f = 50$ mm est $I_c = 2 \, GW/cm^2$. Dans ce cas

$\beta I_c = 4 \times 10^2 \, cm^{-1}$, estimation que nous devons comparer à l'absorption linéaire.

Pour estimer le coefficient de l'absorption linéaire, nous utilisons l'expression

suivante [40]:

$$\alpha_0 = \frac{\omega_0}{c n_0} \text{Im}[\chi^{(1)}] \qquad \text{(II.28)}$$

avec $\text{Im}[\chi^{(1)}] = \varepsilon_2$ la partie imaginaire de la permittivité linéaire du milieu définie par

$\varepsilon = \varepsilon_1 + i\varepsilon_2$. La relation (II.28) s'écrit donc sous la forme suivante :

$$\alpha_0 = \frac{\omega_0}{c n_0} \varepsilon_2 \qquad \text{(II.29)}$$

Pour notre film de particules métalliques, les valeurs numériques $\varepsilon_2 = 0.8 \times 10^{-2}$ et $n_0 = 1.83$

sont calculées pour une longueur d'onde de 782 nm avec une approche de type Maxwell-

Garnett [42], voir chapitre IV. Dans ce cas, en reportant ces valeurs numériques dans (II.29),

nous obtenons une absorption linéaire $\alpha_0 = 3.5 \times 10^2 \, cm^{-1}$. En comparant cette valeur à la

partie non linéaire estimée ci-dessus, $\beta I = 4 \times 10^2 \, cm^{-1}$. Nous en déduisons que $\beta I \approx \alpha_0$.

L'absorption non linéaire est donc très importante, du même ordre de grandeur que la partie linéaire pour ces films de particules métalliques. En utilisant le coefficient de réfraction non linéaire du film d'or $n_2 = 1.4 \times 10^{-12}\ cm^2/W$, tiré de la même référence que le coefficient β, nous estimons par ailleurs que $n_2 I \approx 10^{-3}$, avec $I = I_c = 2.1 \times 10^9\ W/cm^2$. Ce calcul montre donc aussi que la partie non linéaire $n_2 I$ de l'indice optique est plus faible proportionnellement que la partie non linéaire de l'absorption. Nous conclurons que la diminution de l'intensité de second harmonique générée dans ce film de nanoparticules métalliques provient probablement directement de la forte absorption non linéaire déterminée par le coefficient β.

Pour vérifier l'analyse présentée ci-dessus, c'est-à-dire que l'absorption non linéaire est responsable du phénomène de vallée dans les films de nanoparticules métalliques et que l'effet Kerr, principalement réfractif, n'est pas observé dans le cristal de quartz, nous présentons des expériences complémentaires.

II.6 Expériences de SHG – scan sur BBO

L'objectif de ce paragraphe est de justifier expérimentalement que l'absorption non linéaire est à l'origine de la diminution du signal SHG observée dans le film métallique. De plus, nous vérifions aussi qu'aucun effet de réfraction ou d'absorption non linéaire n'est observé dans le cristal de quartz. Dans nos conditions expérimentales, il est impossible de réaliser la technique de Z-scan proprement car notre système de détection n'est pas adapté pour une longueur d'onde de 800 nm. Nous présentons donc dans ce paragraphe une technique qui ressemble à celle de Z-scan, mais dont la différence se situe sur la détection qui s'effectue à 400 nm. Le principe de nos mesures est d'étudier la variation du signal SHG généré dans un cristal de BBO situé après l'échantillon en fonction du déplacement de l'échantillon le long de la direction de propagation afin d'évaluer l'étendue de la défocalisation engendrée par celui-ci sur le faisceau fondamental à 800 nm. Il s'agit donc de mettre en évidence un effet non linéaire sur le faisceau fondamental par mesure de doublage de fréquence. Notons qu'aucun effet d'absorption non linéaire n'est attendu sur le faisceau harmonique compte tenu des intensités très faibles pour ce faisceau. Dans cette technique, nous enregistrons ce signal harmonique dans deux cas : le premier sans diaphragme pour observer l'effet de l'absorption non linéaire de l'échantillon et le second avec diaphragme pour observer l'effet de réfraction non linéaire. Dans ces deux cas, nous utilisons deux distances focales différentes pour la lentille L_1.

II.6.1 Dispositif expérimental

Nous avons utilisé pour cette technique le même dispositif expérimental (source laser, échantillon, système détection) que celui des expériences de SHG-scan, voir Figure (II.14). Nous avons cependant ajouté un diaphragme D dont le diamètre est de 0.5 mm juste avant la lentille L_2 et un deuxième filtre rouge F_1 après la lentille L_2 afin de supprimer le faisceau harmonique généré dans l'échantillon. Le cristal de BBO est placé après le filtre rouge F_1 et son rôle est de convertir le faisceau fondamental à la fréquence harmonique. Ce dernier est détecté par le monochromateur. Un filtre bleu est placé après ce cristal de BBO pour supprimer le faisceau fondamental. Cette expérience permet donc d'observer l'effet de l'absorption non linéaire introduit sur le faisceau fondamental par l'échantillon à travers le doublage de fréquence dans le cristal de BBO. Cette mesure a été la plus simple à mettre en œuvre compte tenu des instruments à notre disposition, sources et détecteurs notamment.

II.6.2 Résultats et discussions

Dans ce paragraphe, nous présentons des résultats expérimentaux du film de nanoparticules métalliques $Au_{75}Ag_{25}$, voir les Figures (II.15) à (II.18). Préalablement, nous avons réalisé des mesures de SHG scan sur BBO pour le substrat de silice ou l'alumine seule. Nous n'avons constaté aucun effet non linéaire sur le signal SHG produit dans le BBO. Par contre, pour le film de nanoparticules métalliques, le cas est différent. En déplaçant le film de 0 à 40 mm et en utilisant la lentille L_1 avec une distance focale $f=50$ mm, l'intensité crête du faisceau incident focalisé est $I_c = 3.3\,GW/cm^2$. En l'absence de diaphragme, la Figure (II.15) montre une diminution du signal SHG généré par le BBO pour une position du film placé autour de 20 mm, position correspondant à celle obtenue lors des mesures SHG-scan (les valeurs absolues des déplacements ne sont pas obtenues avec la même référence). Lorsque le film est placé au voisinage du point focal, la chute du signal SHG généré par le BBO est nette. Cette diminution est attribuée à un effet de l'absorption non linéaire dans le film de particules bimétalliques conduisant à une diminution de l'intensité du faisceau dans le cristal de BBO.

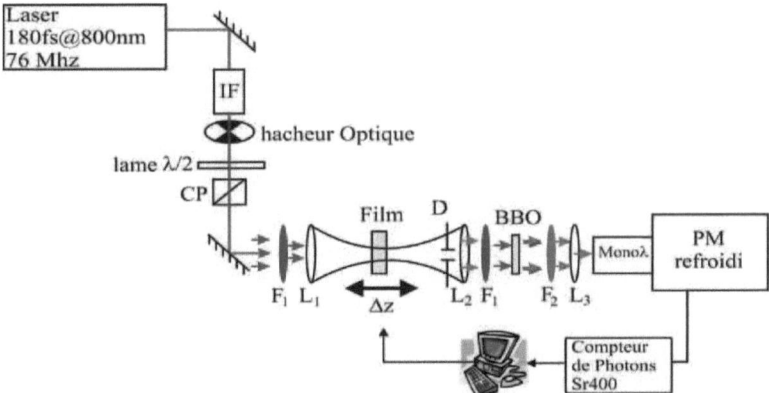

Figure II.14 : Schéma expérimental de l'expérience de SHG-scan sur BBO.

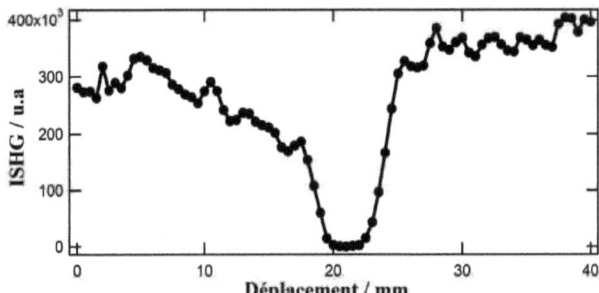

Figure II.15 : Intensité SHG du BBO de 0.5 mm d'épaisseur en fonction du déplacement du film de nanoparticules métalliques $Au_{75}Ag_{25}$ de 455 nm d'épaisseur, obtenue sans diaphragme, pour une longueur d'onde d'excitation de 782 nm et de collection de 391 nm. La distance focale de la lentille L_1 est de 50 mm. L'intensité crête du faisceau incident est de l'ordre de 3.3 GW/cm^2.

En mettant le diaphragme, nous obtenons aussi une chute nette du signal SHG généré par le BBO autour de la position 20 mm, voir la Figure (II.16). Dans cette figure, la largeur de la vallée est plus grande que celle sans diaphragme. Néanmoins, nous pouvons déduire qu'il n'y a pas une grande différence entre les deux cas avec et sans diaphragme. L'absorption non linéaire est ainsi dominante par rapport à la réfraction non linéaire dans les deux cas.

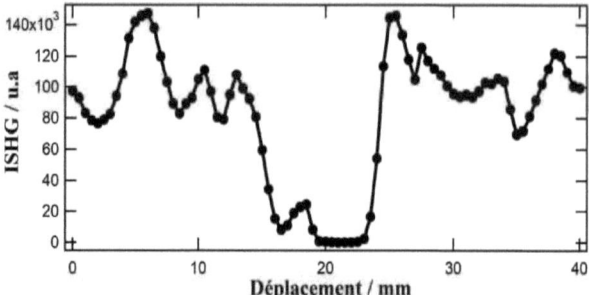

Figure II.16 : Intensité SHG du BBO de 0.5 mm d'épaisseur en fonction du déplacement du film de nanoparticules métalliques Au$_{75}$Ag$_{25}$ de 455 nm d'épaisseur, obtenue avec diaphragme de 0.5 mm de diamètre placé avant la lentille L$_2$, pour une longueur d'onde d'excitation de 782 nm et de collection de 391 nm. La distance focale de la lentille L$_1$ est de 50 mm. L'intensité crête du faisceau incident est de l'ordre de 3.3 GW/cm^2.

En utilisant la lentille L$_1$ avec une distance focale de 75 mm, l'intensité du faisceau incident focalisé est $I_c = 1.4\ GW/cm^2$. En déplaçant le film de 0 à 60 mm et en enregistrant le signal SHG généré par le BBO sans diaphragme, la Figure (II.17) montre une diminution du signal pour une position placée autour de 30 mm correspondant à celle obtenue lors des mesures SHG-scan. Cette chute provient de l'absorption non linéaire créée par le film de nanoparticules bimétalliques.

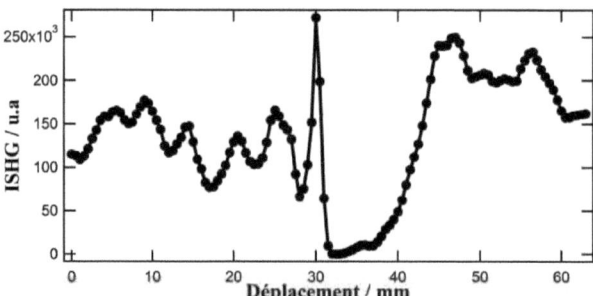

Figure II.17 : Intensité SHG du BBO de 0.5 mm d'épaisseur en fonction du déplacement du film de nanoparticules métalliques Au$_{75}$Ag$_{25}$ de 455 nm d'épaisseur, obtenue sans diaphragme , pour une longueur d'onde d'excitation de 782 nm et de collection de 391 nm. La distance focale de la lentille L$_1$ est de 75 mm. L'intensité crête du faisceau incident est de l'ordre de 1.4 GW/cm^2.

45

En mettant le diaphragme, voir Figure (II.18), on remarque un signal perturbé et chahuté dans l'intervalle compris entre 0 et 30 mm avec une vallée considérable autour de la position du col du faisceau gaussien. Le signal ne montre pas d'effet de réfraction non linéaire important dans le film métallique. Cette conclusion est similaire à celle obtenue pour le cas de la distance focale de 50 mm.

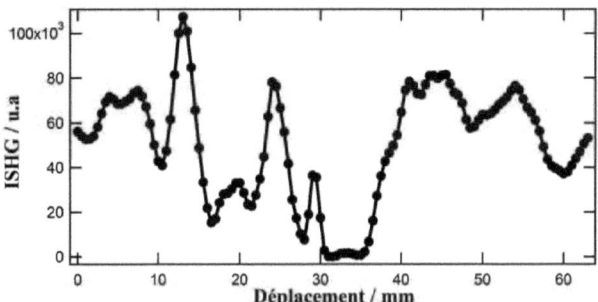

Figure II.18 : Intensité SHG du BBO de 0.5 mm d'épaisseur en fonction du déplacement du film $Au_{75}Ag_{25}$ de 455 nm d'épaisseur, obtenue avec diaphragme de 0.5 mm de diamètre placé avant la lentille L_2, pour une longueur d'onde d'excitation de 782 nm et de collection de l'ordre de 391 nm, la lentille L_1 à une distance focale de 75 mm. L'intensité crête du faisceau incident est de l'ordre de 1.4 GW/cm².

En comparant le cas de SHG scan sur BBO pour la distance focale de $f = 50$ mm et celui de $f = 75$ mm, nous remarquons que la profondeur de la chute de l'intensité SHG est plus grande dans le cas $f = 50$ mm que dans le cas $f = 75$ mm. L'intensité crête dans le premier cas est $I_c = 3.3\,GW/cm^2$, plus grande que celle du deuxième cas, $I_c = 1.4\,GW/cm^2$. La largeur de la vallée observée dans les Figures (II.15-16) est plus étroite que celle des Figures (II.17-18). Le paramètre confocal pour la distance focale $f=50$ mm est $b = 2.6$ mm, voir le Tableau (II.3), valeur plus petite que celle obtenue pour la distance focale $f = 75$ mm, $b = 6.2$ mm. Cette différence permet de poser la question des effets d'ordres supérieurs pour l'absorption et la réfraction non linéaire dans les films de particules métalliques. Dans le cas présent, il faudrait considérer alors des effets en $\chi^{(5)}$ voire plus d'ordre élevés [39].

Nous avons effectué des mesures sur le cristal de quartz de 5 mm d'épaisseur. Elles n'ont montré aucun effet du quartz sur la SHG dans le cristal de BBO. Nous pouvons donc affirmer que ni l'absorption non linéaire ni l'effet Kerr ne sont responsables d'aucune

46

diminution de l'intensité SHG dans le cas du quartz. Grâce à cette technique de SHG scan sur BBO, nous aboutissons bien à la vérification de l'analyse effectuée dans le paragraphe (II.5.4).

II.7 SHG cache-scan

L'objectif de ce dernier ensemble de mesures est d'évaluer le diamètre du faisceau harmonique généré par l'échantillon mais aussi de caractériser transversalement son mode électromagnétique TEM_{xy} en sachant que d'un point de vue théorique, Kingston et McWorther ont démontré que lorsqu'un faisceau laser de mode gaussien TEM_{00} interagissait avec un cristal non linéaire assez fin, le faisceau de second harmonique généré était aussi gaussien de même mode [43]. Dans le cadre de ces mesures, nous avons placé l'échantillon à une position z où l'intensité SHG est maximale et non pas au point focal en raison des observations précédentes de vallées. Le principe consiste alors à mesurer la variation du signal harmonique généré par le film en fonction du déplacement latéral d'une lame de rasoir. Le dispositif expérimental est décrit par la Figure (II.19).

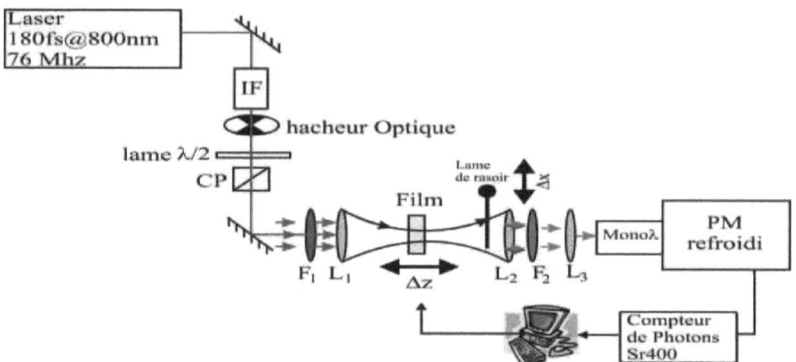

Figure II.19 : Schéma expérimental pour l'expérience de SHG cache-scan.

II.7.1 Dispositif expérimental

Pour ces mesures, nous avons utilisé le même dispositif expérimental concernant la source laser, l'échantillon et le système de détection que celui de SHG-scan. Nous avons disposé une lame de rasoir devant la lentille L2 nous permettant ainsi de cacher le faisceau du second harmonique laser en plusieurs positions latérales. Cette lame de rasoir est fixée sur une platine de translation. La lentille de focalisation L1 au niveau du film possède une distance focale de 25 mm. La lentille L2 permettant la collimation du faisceau généré dans l'échantillon possède une distance focale de 150 mm.

II.7.2 Résultats et discussions

Les Figures (II.20), (II.21) et (II.22) décrivent l'intensité SHG mesurée en fonction de la position de la lame de rasoir respectivement pour le film de particules métalliques $Au_{75}Ag_{25}$ et pour le quartz. Dans les deux cas, nous obtenons une croissance monotone du signal indiquant que le faisceau de second harmonique est bien TEM_{00}.

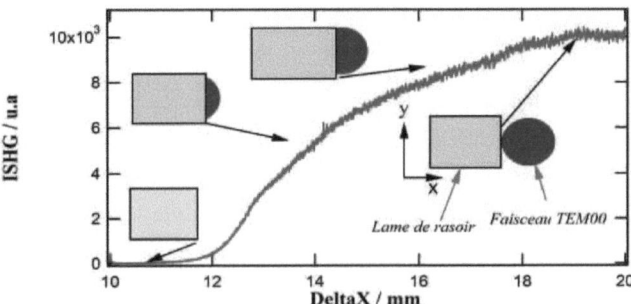

Figure II.20 : Intensité SHG du film de nanoparticules métalliques $Au_{75}Ag_{25}$ de 455 nm d'épaisseur en fonction du déplacement d'une lame de rasoir, obtenue par SHG cache-scan pour une longueur d'onde d'excitation de 782 nm polarisée horizontalement, pour une lentille L1 de la distance focale de 25 mm et L2 de 150 mm.

Dans le cas du film de particules métalliques, pour un champ incident polarisé horizontalement, la Figure (II.20) ne montre aucun signal mesuré pour une valeur de Δx comprise entre 10 et 12 mm, la lame de rasoir couvrant entièrement le faisceau du second harmonique généré dans le film. Ensuite, lorsque la lame de rasoir couvre partiellement la section du faisceau, nous pouvons collecter un signal croissant entre $\Delta x = 10$ et $\Delta x = 19\,\text{mm}$. Puis la lame de rasoir ne cache plus le faisceau et le signal devient constant. Pour un champ incident polarisé verticalement, la Figure (II.21) montre aussi la même allure du spectre d'intensité de SHG, la seule différence par rapport à la Figure (II.20) étant que le signal est plus faible.

48

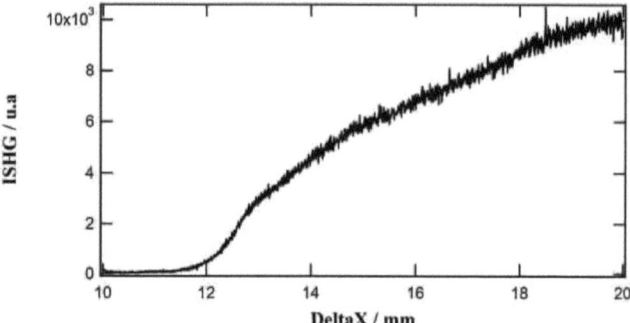

Figure II.21 :   Intensité SHG du film de nanoparticules métalliques $Au_{75}Ag_{25}$ de 455 nm d'épaisseur en fonction du déplacement d'une lame de rasoir, obtenue par SHG cache-scan pour une longueur d'onde d'excitation de 782 nm polarisée verticalement, pour une lentille L1 de la distance focale de 25 mm et L2 de 150 mm.

Dans le cas du quartz, pour les deux directions de la polarisation du champ incident, verticale et horizontale, la Figure (II.22) montre la même allure en intensité de SHG. Pour une valeur de Δx comprise entre 14 et 19 *mm*, l'intensité de SHG croît d'une façon monotone et plus rapide que celle du film. La question se pose sur l'origine de la différence trouvée entre les deux pentes. Pour répondre à cette question, nous présentons une analyse quantitative plus poussée.

II.7.3 Analyse numérique

Comme nous avons montré expérimentalement que le mode du champ harmonique généré par le film et le quartz est TEM_{00}, sans nœud d'intensité en particulier, nous allons chercher à déterminer les paramètres de ce mode.

A partir de l'expression (II.22), nous obtenons l'expression de l'intensité du champ gaussien incident pour un mode TEM_{00} calculé à une position z après l'échantillon, voir plus loin la Figure (II.25), donnée par :

$$I^{\omega}(r',z) \propto \exp\left(-2r'^2 / w_{fun}^2(z)\right) \qquad (II.30)$$

49

où r' est le rayon du faisceau gaussien et $w_{fun}(z)$ est le rayon du faisceau gaussien fondamental à la position z.

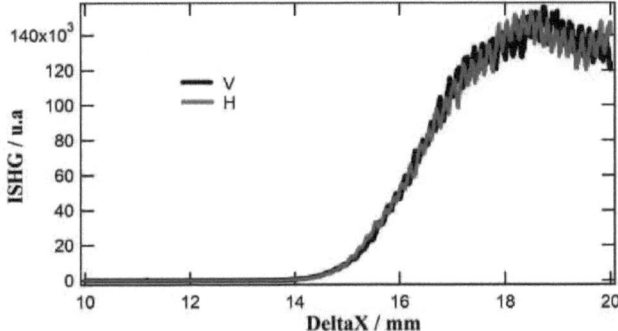

Figure II.22 :   Intensité SHG pour le quartz de 5 mm d'épaisseur en fonction du déplacement d'une lame de rasoir, obtenue par SHG cache-scan pour une longueur d'onde d'excitation de 782 nm, pour une lentille L1 de la distance focale de 25 mm et L2 de 150 mm. V et H représente respectivement les directions de la polarisation du faisceau incident.

En utilisant l'expression (II.30), nous déduisons l'expression de l'intensité du faisceau gaussien oscillant à la fréquence du second harmonique en écrivant :

$$I^{2\omega}(r',z) \propto (I^{\omega}(r',z))^2 = \exp(-4r'^2 / w_{fun}^2(z)) = \exp(-2r'^2 / w_{har}^2(z)) \qquad \text{(II.31)}$$

avec $w_{har}(z)$ le rayon du faisceau gaussien à la fréquence du second harmonique. En intégrant (II.31) sur la section du faisceau de rayon $r' = \sqrt{x'^2 + y'^2}$, la relation (II.31) prend la forme suivante :

$$I^{2\omega}(\Delta x, Z) = \int_{-\infty}^{\Delta x} \exp(-2x'^2 / w_{har}^2(z)) \left[\underbrace{\int_{-\infty}^{+\infty} \exp(-2y'^2 / w_{har}^2(z)) dy'}_{\alpha} \right] dx' \qquad \text{(II.32)}$$

L'intégration, effectuée dans l'équation (II.32) le long de la direction y, donne une constante α . Par contre, celle de la direction x conduit à une intensité variant en fonction du déplacement de la lame de rasoir Δx et s'exprimant par :

50

$$I^{2\omega}(\Delta x, z) = \int_{-\infty}^{\Delta x} \exp\left(-2x'^2 / w_{har}^2(z)\right) dx' \qquad \text{(II.33)}$$

à une position z donnée située après l'échantillon comme l'indique la Figure (II.25). En prenant plusieurs valeurs de $w_{har}(z)$ et en faisant varier Δx entre 0 et 20 mm, l'équation (II.33) conduit à la Figure (II.23).

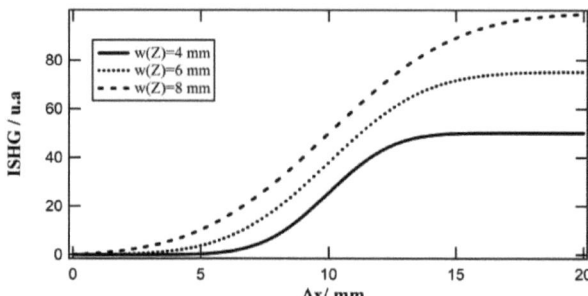

Figure II.23 : Intensité SHG en fonction du déplacement de la lame de rasoir Δx pour plusieurs valeurs de $w_{har}(z)$.

Cette Figure(II.23) montre clairement le profil monotone et croissante de la coupe transversale de l'intensité avec le rayon du faisceau $w_{har}(z)$. En dérivant l'équation (II.33) par rapport au déplacement de la lame de rasoir, on obtient une fonction gaussienne avec la largeur à mi-hauteur $w_{har}(z)$. En traçant cette fonction avec Δx compris entre 0 et 20 mm, nous obtenons alors un maximum centré sur $\Delta x = 10$ mm, point d'inflexion du graphe de la Figure (II.23), voir la Figure (II.24).

II.7.4 Mesure du col du faisceau harmonique

Les mesures effectuées en SHG cache-scan sur le cristal du quartz nous permettent d'estimer maintenant le diamètre du faisceau harmonique gaussien à une position donnée, comme l'indique la Figure (II.25). Nous avons choisi les résultats concernant le quartz en raison de l'intensité harmonique suffisante pour réaliser le traitement de dérivation.

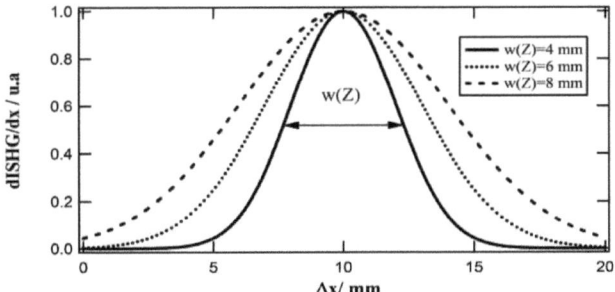

Figure II. 24 : Dérivée de l'intensité SHG en fonction du déplacement de la lame de rasoir Δx, avec plusieurs valeurs de $w_{har}(z)$ à une position donnée z.

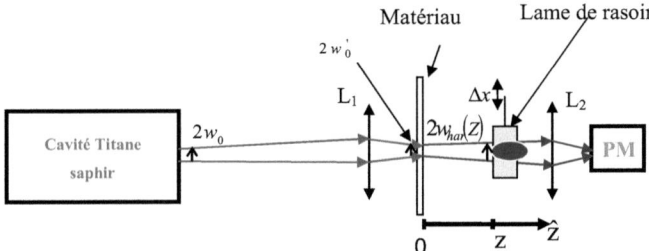

Figure II.25 : Représentation schématique du déplacement de la lame de rasoir perpendiculairement au faisceau laser. $2w_0$ le diamètre du faisceau laser à la sortie de la cavité, $2w_0'$ le diamètre du faisceau fondamental après la focalisation, $2w_{har}(z)$ le diamètre du faisceau harmonique, Δx représente le déplacement de la lame de rasoir.

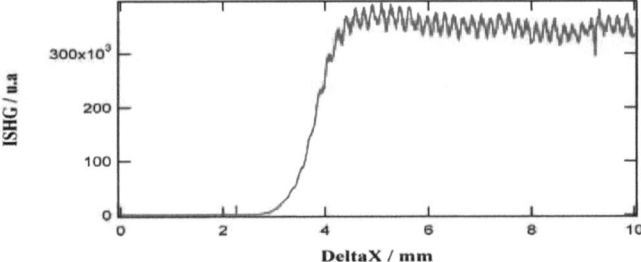

Figure II.26 : Intensité SHG du quartz d'épaisseur 5 mm en fonction du déplacement de la lame de rasoir, pour une position $z = 53$ mm.

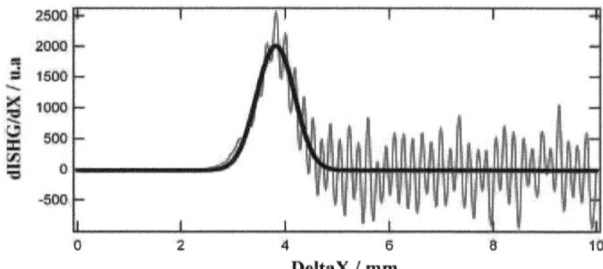

Figure II.27 :   Dérivée de l'intensité SHG du quartz d'épaisseur 5 mm en fonction du déplacement de la lame de rasoir, pour une position $z = 53$ mm. La courbe rouge représente l'expérience et la noire l'ajustement numérique à l'aide de l'équation (II.34).

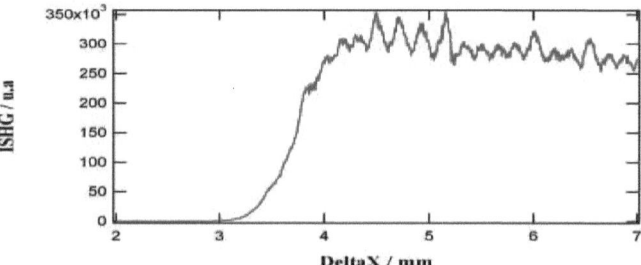

Figure II.28 :   Intensité SHG du quartz d'épaisseur 5 mm en fonction du déplacement de la lame de rasoir, pour une position $z = 35$ mm.

A partir des mesures d'intensité SHG en fonction de la position de la lame de rasoir, nous avons tracé la dérivée de l'intensité SHG, voir Figure (II.27). Nous avons alors ajusté ces données par la dérivée de l'équation (II.33) qui s'écrit par :

$$\frac{dI^{2\omega}(\Delta x, z)}{dx} = A + B \exp\left[-2\left(\frac{\Delta x - \Delta x_0}{w_{har}(z)}\right)^2\right] \qquad (\text{II.34})$$

53

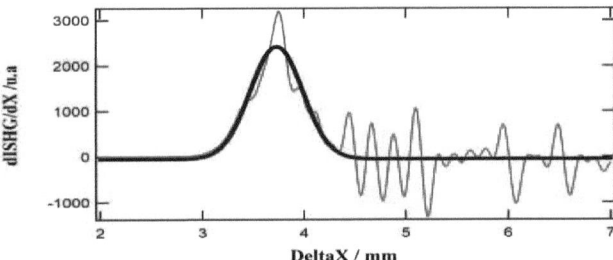

Figure II.29 : Dérivée de l'intensité SHG du quartz d'épaisseur 5 mm en fonction du déplacement de la lame de rasoir, pour une position $z = 35$ mm. La courbe rouge représente l'expérience et la noire l'ajustement numérique à l'aide de l'équation (II.34).

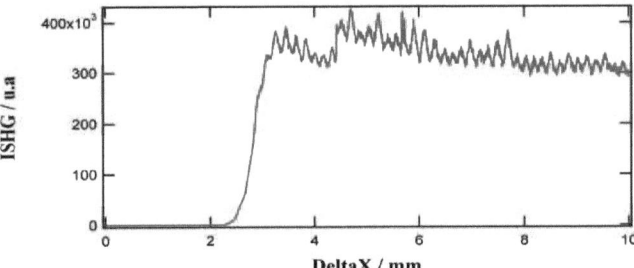

Figure II.30 : Intensité SHG du quartz d'épaisseur 5 mm en fonction du déplacement de la lame de rasoir, pour une position $z = 27$ mm.

où A et B sont deux constantes à déterminer par l'ajustement et r_0 est le rayon du faisceau gaussien pour lequel la dérivée de l'intensité du second harmonique est maximale. L'ajustement par cette fonction gaussienne est aussi décrit sur les Figures (II.27), (II.29) et (II.31). Cet ajustement nous permet de calculer le diamètre du faisceau harmonique en plusieurs positions z de la lame de rasoir comme le montre le Tableau (II.4). Pour une distance focale $f = 25$ mm, la longueur de Rayleigh z_R vaut 0.31 mm, voir le Tableau (II.2). Dans ce cas, on peut utiliser $z \gg z_R$ comme approximation par laquelle l'expression (II.20) montre que le diamètre du faisceau harmonique en fonction de la position de la lame de rasoir z est pratiquement linéaire, voir Figure (II.32).

54

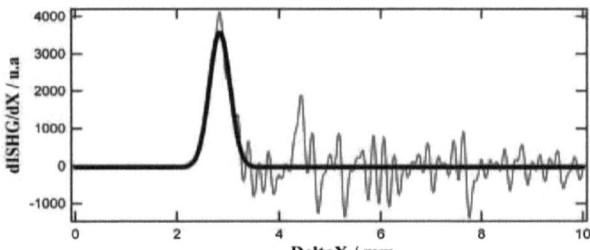

Figure II.31 : Dérivée de l'intensité SHG du quartz d'épaisseur de 5 mm en fonction du déplacement de la lame de rasoir à une position $z = 27$ mm. La courbe rouge représente l'expérience et la noire représente l'ajustement à l'aide de l'équation (II.34).

$Z \, / \, mm$	$2w_{har}(z) \, / \, mm$
53	1.4
35	1.02
27	0.78

Tableau II.4 : Diamètre du faisceau harmonique à différente position le long de la direction de propagation.

Cette variation linéaire se met sous la forme :

$$2w_{har}(z) = az + b \tag{II.35}$$

L'ajustement linéaire des mesures, attendu pour une divergence faible et à distances z telles que $z \gg z_R$, nous a permis de déduire la valeur du diamètre du faisceau harmonique dans l'échantillon. Ce diamètre a été estimé à $2w_{har}(0) = 130 \, \mu m$. Cela permet de calculer aussi la divergence du faisceau gaussien harmonique définie par θ, en reportant la valeur du rayon du faisceau $w_{har}(0) = 65 \, \mu m$ dans l'expression (II.13) en admettant la même valeur du paramètre M^2 avec $M^2 = 1.1$. Nous obtenons finalement la divergence du faisceau $\theta = 2.15 \, mrad$.

Enfin, nous vérifions cette valeur estimée par la technique de Cache-scan. En utilisant les deux expressions (II.30) et (II.31), nous pouvons déduire une relation entre le rayon du faisceau gaussien fondamental $w_{fun}(z)$ et celui du second harmonique $w_{har}(z)$:

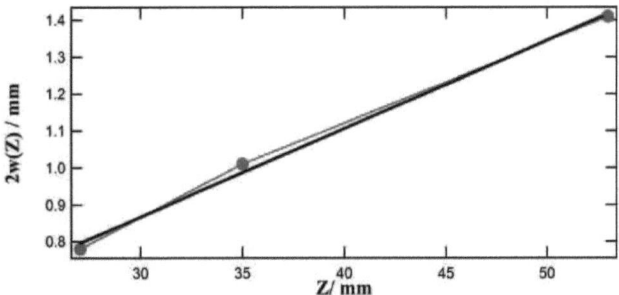

Figure II.32 :   Variation du diamètre du faisceau harmonique à une longueur d'onde de 391nm en fonction du déplacement de la lame de rasoir. Les points représentent les diamètres du faisceau de second harmonique déduit des mesures et le trait plein l'ajustement linéaire des points expérimentaux.

$$w_{har}(z) = \frac{w_{fun}(z)}{\sqrt{2}} \qquad\qquad (II.36)$$

Pour $z = 0$ et pour une distance focale $f = 25$ mm, le diamètre du faisceau gaussien fondamental est $2w_{fun}(0) = 2w_{Ent} = 180\ \mu m$, voir le cas 2 dans le Tableau (II.2). En utilisant l'expression (II.36), nous obtenons donc $2w_{har}(0) = 127\ \mu m$. Cette valeur est approximativement égale à celle obtenue au dessus. Ce bon accord entre le calcul théorique et l'expérience à propos du diamètre de col du faisceau gaussien à la fréquence harmonique confirme que le mode du faisceau est bien TEM$_{00}$. Ces résultats sont donc en accord avec les travaux de Kingston et McWorther.

II.8 Conclusion

Nous avons décrit dans ce chapitre les bases nécessaires à l'aide de l'équation de propagation et des matrices de transfert ABCD afin de mettre en évidence l'influence des propriétés d'un faisceau ayant un profil gaussien sur la réponse non linéaire d'un milieu non centrosymétrique et un milieu isotrope. Par la technique SHG-scan, nous avons observé une diminution de signal du second harmonique dans le quartz et dans le film composé de nanoparticules bimétalliques Au$_{75}$Ag$_{25}$. Nous avons prouvé que cette diminution provient de l'effet de l'absorption non linéaire caractérisée par la partie imaginaire de la susceptibilité non linéaire d'ordre 3. Par contre, cet effet n'a aucun rôle dans le quartz. Nous montrerons dans le chapitre suivant que la phase de Gouy est à l'origine de la diminution du signal de SHG généré par le quartz. Par ailleurs, la technique SHG-scan couplée à un cristal de BBO nous a permis de mettre en évidence un effet de l'absorption non linéaire forte et de la réfraction non linéaire faible à travers une diminution de l'intensité SHG au voisinage du point focal. Cette observation sera critique lors des expériences de mesures de franges de Maker sur les films de nano particules métalliques.

Enfin, nous avons vérifié expérimentalement avec la technique de Cache-scan que le mode du faisceau harmonique est de type gaussien TEM$_{00}$ tout comme le mode du faisceau fondamental dont il est issu. Ce résultat nous a permis d'évaluer le rayon de ceinture du faisceau gaussien harmonique au sein du quartz. Par Un bon accord entre les valeurs expérimentales de ce rayon avec celles calculées a de même été établi.

Références

[1] Y. Deng, M. P. Fok, I. Glesk, P. R. Prucnal, *IEEE Sarnoff Symposium*, **9**, 337 (2008)

[2] R. Gordon, D. Sinton, K. L. Kavanagh and A. G. Brolo, *Acc. Chem. Res.*, **41**, 1049 (2008).

[3] A. Dittmar, G. Delhomme and C. Gehin, *IRBM*, **29**, 208 (2008).

[4] B. Agate, E. U. Rafailov, W. Sibbett, S. M. Saltiel, K. Koynov, M. Tiihonen, S. Wang, F. Laurell, P. Battle, T. Fry, and E. Noonan, *IEEE Journal of Selected Topics in Quantum Electronics: Short Wavelength and EUV Lasers* (November/December 2004).

[5] O. Stenzel, S. Wilbrandt, D. Fasold and N. Kaiser, *J. Opt A:Pure Appl. Opt.*, **10**, 085305 (2008).

[6] P. N. Prasad, *Introduction to Biophotonics,* Wiley, New York, 2003, pp.203-254.

[7] B. Agate, B. Stormont, A. J. Kemp, C. T. A. Brown, U. Keller and W. Sibbett, *Opt. Commun.*, **205**, 207 (2002).

[8] J. Miragliotta, *Johns Hopkins APL Technical Digest*, **4**, 348 (1995).

[9] S. Ding, X. Wang, D. J. Chen and Q. Q. Wang, *Opt. Express*, **14**, 1541 (2006).

[10] D. D. Smith, Y. Yoon, R. W. Boyd, J. K. Campbell, L. A. Baker, R. M. Crooks and M. George, *J. Appl. Phys.*, **86**, 6200 (1999).

[11] H. Ma, A.S.L. Gomes, Cid B. de Araujo, *Appl. Phys. Lett*, **59**, 2666 (1991).

[12] M. Sheik-Bahae, J. Wang, R. DeSalvo, D.J. Hagan and E. W. Van Stryland, *Opt. Lett*, **17**, 258 (1992).

[13] D. Dangoisse, D. Hennequin, V. Zehnlé, *Les lasers*, Dunod, Paris 2004.

[14] Handbook of Chemistry and Physics, *CRC Press*, Cleveland, (1966).

[15] A. V. Kiryanov, Yu. O. Barmenkov, M. del Rayo and V. N. Filippov, *Opt. Commun.*, **213**, 151 (2002).

[16] Y. Shen, *The Principles of Nonlinear Optics*, Wiley-Interscience, New York, 1984.

[17] R. Boyd, *Nonlinear optics*, Academic Press, New York, 1992.

[18] D. Kleinman, *Phys. Rev*, **126** 1977 (1962).

[19] A. Armstrong, N. Bloembergen, J. Ducuing, P. S. Pershan, *Phys. Rev*, **127** 1918 (1962).

[20] G. D. Boyd and D. A. Kleinman, *J. Appl.Phys.*, **39**, 3597 (1968).

[21] G. Ghosh, *Opt. Commun.*, **163**, 95 (1999).

[22] M. Sheik-Bahae, A. A. Said, T. H. Wei, D. J. Hagan and E. W. Van Stryland, *IEEE J. Quant. Elec.*, **26,** 760 (1990).

[23] M. Sheik-Bahae, A. A. Said and E. W. Van Stryland, *Opt. Lett.*, **14,** 955 (1989).

[24] R. DeSalvo, M. Sheik-Bahae, A.A. Said, D. J. Hagan, and E. W. Van Stryland, *Opt. Lett.*, **18**, 194 (1993).

[25] P. Brochard, V. Grolier-Mazza and R. Cabanel, *J. Opt. Soc. Am. B*, **14**, 405 (1997).

[26] A. I. Ryasnyansky and B. Palpant, *Appl. Opt.*, **45**, 2773 (2006).

[27] A. I. Ryasnyansky, B. Palpant, S. Debrus, R. I. Khaibullin and A.L. Stepanov, *J. Opt. Soc. Am. B*, **23**, 1348 (2006).

[28] M. J. Weber, D. Milam and W. L. Smith, *Opt. Eng*, **17**, 463 (1978).

[29] R. Adair, L. L. Chase and S. A. Payne, *J. Opt. Soc. Am. B*, **4**, 875 (1987).

[30] M. Bache, J. Moses and F. W. Wise, *J. Opt. Soc. Am. B*, **24**, 2752 (2007).

[31] F. Hache, D. Ricard and C. Flytzanis, *J. Opt. Soc. Am. B*, **3**, 1647 (1986).

[32] D. Ricard, Ph. Roussignol and Chr. Flytzanis, *Opt. Lett.*, **10**, 511(1985).

[33] G. Piredda, D. D. Smith, B. Wendling and R. W. Boyd, *J. Opt. Soc. Am. B*, **25**, 912 (2008).

[34] C. Bosshard, U. Gubler, P. Kaatz, W. Mazerant and U. Meier, *Phys. Rev. B*, **61**, 10688 (2000).

[35] R. L. Sutherland, *Handbook of Nonlinear Optics,* Marcel Dekker, New York, 1996.

[36] H. E. Major, C. B.E. Gawith and P. G. R. Smith, *Opt. Commun.*, **281**, 5036 (2008).

[37] A. B. Ruffin, J.V. Rudd, J. F. Whitaker, S.Feng and H. G. Winful, *Phys. Rev. Lett*, **83**, 3410 (1999).

[38] Z. Derrar. Kaddour, A. Taleb, K. Ait-Ameur, G. Martel, *Opt. Commun.*, **280**, 256 (2007).

[39] E. L. Falcão-Filho, Cid B. de Araújo and J. J. Rodrigues, *J. Opt. Soc. Am. B*, **24**, 2948 (2007).

[40] R. Gresser, Génération et propagation de réseaux périodiques des solitons spatiaux dans un milieu de Kerr massif, thèse de doctorat de l'université de Franche-comté.

[41] A. S. Mouketou Missono, *la technique de Z-scan: développement et application à l'étude de la réponse optique non-linéaire de matériaux nanocomposites*, thèse de doctorat de l'Université Paris 6.

[42] J. C. Maxwell-Garnett, *Phil. Trans. Roy. Soc. London*, **203,** 385 (1904) *et ibid.* **205** 237 (1906).

[43] R. H. Kingston and A. L. McWhorther, *Proc. IEEE*, **53**, 4 (1965).

Chapitre III : SHG en faisceau gaussien focalisé et impulsions ultracourtes

III.1 Introduction

L'étude théorique du processus de génération de second harmonique (SHG) en faisceaux gaussiens focalisés a été réalisée par Boyd et Kleinman [1, 2]. Ce travail a été et reste une base solide pour décrire le problème de la conversion de fréquences. Cependant, la théorie de Boyd et Kleinman ne s'applique qu'aux faisceaux continus dits CW [3] et ne peut décrire le processus de génération de second harmonique pour des impulsions ultracourtes [4,5], en particulier femtosecondes. En effet, la largeur spectrale n'est pas prise en compte dans ce modèle alors que celle-ci, avec l'apparition de la dispersion de la vitesse de groupe, conduit inexorablement vers une propagation décrite par l'équation de Schrödinger non linéaire.

Dans ce chapitre, nous présenterons le modèle théorique qui décrit le processus SHG pour des impulsions ultracourtes en tenant compte des effets critiques associés à la dispersion de la vitesse de groupe (GVD : Group Velocity Dispersion). La nécessité de ce chapitre provient en particulier de la possibilité de produire des profils spectraux non conventionnels en impulsions ultracourtes qui sont assez semblables aux profils expérimentaux enregistrés au cours de certaines expériences réalisées durant ce travail de doctorat. Il a donc semblé intéressant de discuter ce problème en plus des phénomènes liés à l'effet Kerr. La génération de second harmonique sous les conditions d'une large GVD est caractérisée par une longueur non-stationnaire appelée L_{nst} donnée par $L_{nst} = \tau/\alpha$ où τ est la durée de l'impulsion et $\alpha = 1/v_2 - 1/v_1$ est le paramètre de GVD pour lequel v_2 et v_1 sont respectivement les vitesses de groupe de l'onde harmonique et fondamentale. Par exemple, pour la silice, $L_{nst} = 0.74$ mm avec $\tau = 113$ fs et $\alpha = 1.48 \times 10^{-10}$ s/m à la longueur d'onde fondamentale de 800 nm. La longueur non stationnaire L_{nst} est donc la distance pour laquelle deux impulsions de différente longueur d'onde centrale initialement synchrones sont séparées de leur durée τ. Dans la limite des impulsions ultracourtes pour laquelle $L_{nst} \ll L$, avec L la longueur du milieu non linéaire dans lequel l'effet de conversion a lieu, et dans le cas d'un faisceau incident non focalisé, la durée des impulsions harmoniques est plus longue que celle des impulsions fondamentales d'un facteur L / L_{nst} [6]. Par contre, la longueur d'interaction est réduite et l'efficacité de conversion SHG réduite si les conditions sont telles que la durée des impulsions harmoniques est proche de celle des impulsions fondamentales. La méthode usuelle pour augmenter l'efficacité du processus de conversion de fréquence est donc l'utilisation d'un faisceau fondamental focalisé. La théorie établie pour ce processus en utilisant des faisceaux focalisés CW [1, 2] et un angle de biréfringence (encore appelé *walk-off angle*) négligeable conduit à une condition optimale de focalisation $L / b = 2.83$ où b est le paramètre confocal [1,2]. Cependant, cette théorie ne s'applique qu'aux faisceaux CW ou aux impulsions suffisamment longues pour lesquelles la GVD reste négligeable $(L_{nst} >> L)$. Un autre effet qui sera discuté dans ce chapitre est l'effet de la phase de Gouy. Un rappel sur cet effet est nécessaire. En 1890, Gouy a montré qu'un faisceau électromagnétique focalisé acquiert un déphasage axial additionnel de 180° par rapport à une onde plane lors de son passage à travers le foyer de focalisation [7, 8]. Dans un système optique non linéaire, ce décalage de phase observé par Gouy peut singulièrement réduire l'efficacité de la génération d'harmonique avec un faisceau focalisé [9]. Ce déphasage de Gouy [10,11], inévitable lors de la focalisation du faisceau, limite en effet l'efficacité de conversion non linéaire en empêchant l'accord de phase parfait. Son influence peut être vue expérimentalement comme un changement des conditions de l'accord de phase entre le cas de l'onde plane et le cas focalisé optimal. En utilisant ce modèle, nous allons montrer que la phase de Gouy est à l'origine de la diminution de l'intensité du second harmonique observée dans le chapitre II pour le cristal du quartz.

Nous décrirons dans ce chapitre le modèle théorique proposé par Saltiel *et coll.* [6] qui définit les conditions optimales de focalisation pour le processus SHG en utilisant un faisceau gaussien focalisé dans le régime des impulsions ultracourtes $(L_{nst} \geq L)$. Ce modèle est analytique et conduit finalement à des expressions sous forme d'intégrales. Saltiel *et coll* ont réalisé une comparaison de leurs résultats numériques avec des expériences obtenues sur un cristal de niobate de potassium $KNbO_3$ [12-15]. Les caractéristiques du faisceau fondamental gaussien ont été supposées constantes, en particulier le col et la longueur de Rayleigh. En revanche, dans notre cas, la comparaison de l'analyse numérique avec les résultats expérimentaux des expériences SHG-scan obtenues dans le chapitre II nécessite un col et une longueur de Rayleigh variable en fonction du déplacement du cristal non linéaire, voir paragraphe (II.3) du chapitre II. On retrouve ici la nécessité d'avoir correctement décrit la propagation d'un faisceau gaussien à travers les différents éléments optiques.

III.2 Equation de propagation des impulsions brèves

Rappelons tout d'abord l'expression des équations de Maxwell pour un champ électromagnétique au sein d'un milieu matériel non magnétique sans sources libres :

$$\vec{\nabla}.\vec{D} = 0 \tag{III.1}$$

$$\vec{\nabla} \times \vec{E} = -\frac{\partial \vec{B}}{\partial t} \tag{III.2}$$

$$\vec{\nabla}.\vec{B} = 0 \tag{III.3}$$

$$\vec{\nabla} \times \vec{H} = \frac{\partial \vec{D}}{\partial t} \tag{III.4}$$

En prenant le rotationnel de (III.2), et en utilisant les relations constitutives, nous obtenons à l'aide de (III.4), l'équation de propagation des ondes électromagnétiques :

$$\Delta \vec{E} - \vec{\nabla}\left(\vec{\nabla}.\vec{E}\right) - \frac{1}{c^2}\frac{\partial^2 \vec{E}}{\partial t^2} = \mu_0 \frac{\partial^2 \vec{P}}{\partial t^2} \tag{III.5}$$

Si nous tenons compte des propriétés optiques non linéaires du milieu, l'équation de propagation peut encore s'écrire :

$$\Delta \vec{E} - \vec{\nabla}\left(\vec{\nabla}.\vec{E}\right) - \frac{1}{c^2}\frac{\partial^2 \vec{E}}{\partial t^2} = \mu_0 \frac{\partial^2 \vec{P}^{(1)}}{\partial t^2} + \underbrace{\frac{1}{\varepsilon_0 c^2}\frac{\partial^2 \vec{P}^{(2)}}{\partial t^2} + \frac{1}{\varepsilon_0 c^2}\frac{\partial^2 \vec{P}^{(3)}}{\partial t^2}}_{\frac{1}{\varepsilon_0 c^2}\frac{\partial^2 \vec{P}^{(NL)}}{\partial t^2}} \tag{III.6}$$

en développant de manière explicite le terme non linéaire de la polarisation $\vec{P}^{(NL)}(t)$. Ce terme source dans l'équation de propagation est à l'origine de nombreux phénomènes non linéaires. Par la suite, nous ne nous intéresserons pas aux effets tensoriels de la réponse non-linéaire et nous ne considérerons donc que des grandeurs scalaires. De plus, nous négligerons l'angle de double réfraction [16], habituellement inférieur à quelques degrés, ce qui nous permettra de négliger en particulier le terme $\vec{\nabla}(\vec{\nabla}.\vec{E})$ de l'équation de propagation (III.6). L'équation de propagation devient alors :

$$\Delta E - \frac{1}{c^2}\frac{\partial^2 E}{\partial t^2} - \mu_0\frac{\partial^2 P^{(1)}}{\partial t^2} = \frac{1}{\varepsilon_0 c^2}\frac{\partial^2 P^{(NL)}}{\partial t^2} \qquad \text{(III.7)}$$

L'équation (III.7) est décrite dans l'espace réel $(\vec{r},t)$ et le passage dans l'espace réciproque est réalisé à l'aide de la transformation de Fourier depuis l'espace $(\vec{r},t)$ vers l'espace $(\vec{r},\omega)$ selon les équations suivantes :

$$P^{(1)}(\vec{r},t) = \int_{-\infty}^{+\infty} P^{(1)}(\vec{r},\omega)e^{-i\omega t}d\omega \qquad \text{(III.8)}$$

$$P^{(NL)}(\vec{r},t) = \int_{-\infty}^{+\infty} P^{(NL)}(\vec{r},\omega)e^{-i\omega t}d\omega \qquad \text{(III.9)}$$

$$E(\vec{r},t) = \int_{-\infty}^{+\infty} E(\vec{r},\omega)e^{-i\omega t}d\omega \qquad \text{(III.10)}$$

Dans le cadre de l'approximation paraxiale, nous pouvons écrire la composante de fréquence ω du champ électrique sous la forme :

$$E(\vec{r},\omega) = A(\vec{r},\omega)\exp(ik(\omega)z) \qquad \text{(III.11)}$$

En reprenant les équations (III.8), (III.9), (III.10) et (III.11), en les insérant dans l'équation (III.7) et en utilisant l'approximation de l'enveloppe lentement variable, nous obtenons l'équation de propagation en régime non linéaire dans le cadre de l'approximation paraxiale :

$$\frac{\partial^2 A}{\partial x^2} + \frac{\partial^2 A}{\partial y^2} + 2ik(\omega)\frac{\partial A}{\partial z} = -\frac{\omega^2}{\varepsilon_0 c^2}P^{(NL)}(\vec{r},\omega)e^{-ik(\omega)z} \qquad \text{(III.12)}$$

L'équation (III.12) peut être écrite en fonction de l'amplitude $E(\vec{r}, \omega)$. Sachant que

$$\frac{\partial A}{\partial z} = \frac{\partial E}{\partial z}\exp(-ikz) - ikE\exp(-ikz)$$

$$\Delta_{\perp} = \frac{\partial^2}{\partial x^2} + \frac{\partial^2}{\partial y^2}$$

avec $k(\omega) = n(\omega)\omega/c$ et $\Delta_{\perp}$ le laplacien transversal, l'équation (III.12) prend la forme suivante :

$$\frac{1}{2ik(\omega)}\Delta_{\perp}E + \frac{\partial E}{\partial z} - ik(\omega)E = \frac{i\omega}{2n(\omega)\varepsilon_0 c}P^{(NL)}(\vec{r},\omega) \tag{III.13}$$

Pour les impulsions ultracourtes, il est important de tenir compte de la largeur spectrale non négligeable de l'impulsion à travers la dépendance du vecteur d'onde avec l'indice optique. Cette prise en compte est rendue nécessaire par la dispersion chromatique de l'indice optique du milieu matériel [17,19], voir Figure (III.1).

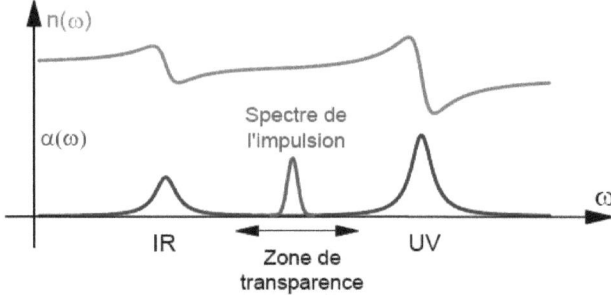

Figure III.1 :   certain milieu matériel comporte des résonances dues à l'absorption, dans l'infrarouge et dans l'ultraviolet, en particulier en raison des transitions vibrationnelles et électroniques. En conséquence, l'indice de réfraction croît avec la fréquence dans la zone de transparence (dispersion normale). Il en résulte une variation non linéaire $k(\omega)$ avec la fréquence. En pratique, la dérivée seconde de $k(\omega)$ est positive dans le visible en raison de la proximité des résonances ultraviolettes (dispersion positive). Cette figure est tirée de la Réf [16].

Dans le régime qui nous concerne, nous nous contenterons d'effectuer un développement limité au second ordre. Cette approximation obtenue en développant le vecteur d'onde autour de la fréquence centrale ω_0 de l'impulsion sera valable si la largeur spectrale de l'impulsion reste cependant modérée [20]. Nous obtenons :

$$k(\omega) = k_0 + (\omega - \omega_0)k_0' + \frac{1}{2}(\omega - \omega_0)^2 k_0''$$

en introduisant la vitesse de groupe et la dispersion de la vitesse de groupe :

$$k'_0 = \frac{\partial k}{\partial \omega}\bigg|_{\omega=\omega_0}$$

$$k''_0 = \frac{\partial^2 k}{\partial \omega^2}\bigg|_{\omega=\omega_0}$$

En insérant $k(\omega)$ dans Eq.(III .13), il vient :

$$\frac{1}{2ik_0(\omega)}\Delta_\perp E(r,\omega) + \frac{\partial E}{\partial z} - ik_0 E - i(\omega-\omega_0)k_0' E(r,\omega) - \frac{i}{2}(\omega-\omega_0)^2 k_0'' E(r,\omega) = \frac{i\omega_0}{2n_0\varepsilon_0 c}P^{(NL)}(r,\omega) \quad \text{(III.14)}$$

Remarquons que nous avons négligé la dispersion chromatique du pré-facteur intervenant dans le membre de droite de l'équation. Ici encore, cette approximation ne sera valable que pour des impulsions (et donc des polarisations non linéaires) pour lesquelles la largeur spectrale reste modérée.

En écrivant maintenant le champ électrique comme le produit d'une enveloppe $u(r,t)$ et d'une porteuse prenant en compte les dépendances temporelles et spatiales aux fréquences centrales ω_0 et k_0, c'est-à-dire :

$$E(r,t) = u(r,t)e^{i(k_0 z - \omega_0 t)} \quad \text{(III.15)}$$

alors la fonction $u(r,t)$ est une fonction lentement variable par rapport à la coordonnée de propagation z ainsi que par rapport au temps t, les variations rapides étant rejetées dans la porteuse. Si l'on dérive $u(r,t)$ par rapport à z, nous obtenons :

$$\frac{\partial u}{\partial z} = \left(\frac{\partial E}{\partial z} - ik_0 E \right) e^{i(k_0 z - \omega_0 t)} \tag{III.16}$$

Si nous écrivons l'équation (III.15) dans le domaine spectral, nous avons alors :

$$E(r,\omega) = u(r,\omega - \omega_0) e^{ik_0 z} \tag{III.17}$$

Alors que $E(r,\omega)$ était centré autour de $\omega = \omega_0$, $u(r,\omega)$ sera donc centrée autour de $\omega = 0$, ce qui traduit simplement dans l'espace de Fourier le fait que l'enveloppe $u(r,t)$ varie lentement avec le temps. En exprimant l'équation (III.14) à l'aide de l'enveloppe $u(r,t)$ et en effectuant le changement de variable $\omega - \omega_0 \to \omega$, nous obtenons donc :

$$\frac{1}{2ik_0(\omega)}\Delta_\perp u + \frac{\partial u}{\partial z} - ik_0' \omega u(r,\omega) - \frac{i}{2} k_0'' \omega^2 u(r,\omega) = \frac{i\omega_0}{2n_0\varepsilon_0 c} P^{(NL)}(r,\omega+\omega_0) e^{i\omega_0 t - ik_0 z} \tag{III.18}$$

où n_0 est l'indice optique à la fréquence centrale. C'est une équation paraxiale d'amplitude complexe mais dans l'espace $(\vec{r},\omega)$. En utilisant la transformation de Fourier inverse $(\vec{r},\omega) \to (\vec{r},t)$, alors nous obtenons une équation dans le domaine temporel :

$$\frac{1}{2ik_0}\Delta_\perp u(r,t) + \frac{\partial u}{\partial z} - ik_0' \frac{\partial u(r,t)}{\partial t} - \frac{i}{2} k_0'' \frac{\partial^2 u(r,t)}{\partial t^2} = \frac{i\omega_0}{2n_0\varepsilon_0 c} P^{(NL)}(r,t) e^{i\omega_0 t - ik_0 z} \tag{III.19}$$

C'est l'équation paraxiale générale non linéaire appliquée aux impulsions ultra-brèves.

III. 3 Modèle théorique

A partir de l'équation paraxiale générale, voir l'expression (III.19) obtenue avec l'approximation de l'enveloppe lentement variable pour un champ incident non déplétif, nous présentons les équations (III.20) et (III.21). Celles-ci sont déterminées pour des faisceaux incident et harmonique ayant une distribution gaussienne transversale en intensité, pour un angle de biréfringence [21] et une absorption négligeables. Ainsi, nous obtenons les deux équations différentielles non linéaires suivantes :

$$\left(\frac{\partial}{\partial z} + \frac{i}{2k_1}\Delta_\perp + \frac{1}{v_1}\frac{\partial}{\partial t}\right)A_1 = 0 \tag{III.20}$$

$$\left(\frac{\partial}{\partial z} + \frac{i}{2k_2}\Delta_\perp + \frac{1}{v_2}\frac{\partial}{\partial t}\right)A_2 = -i\sigma_2 A_1^2 \exp(i\Delta k z) \tag{III.21}$$

où A_1 et A_2 dénotent respectivement les amplitudes complexes des ondes fondamentale et harmonique. Ces deux amplitudes sont fonctions des coordonnées spatiales et temporelles, $A_j = A_j(x, y, z, t)$. Le coefficient de couplage non linéaire σ_2 est tel que $\sigma_2 = 2\pi d_{eff,SHG} / \lambda_1 n_2$, la grandeur $d_{eff,SHG}$ dépendant de l'accord de phase et du type d'échantillon non linéaire. Enfin, le désaccord des vecteurs d'ondes est défini par $\Delta\vec{k} = \vec{k}_2 - 2\vec{k}_1$ où k_1 et k_2 sont respectivement les vecteurs d'ondes de deux ondes fondamentale et harmonique. Le système formé par les équations (III.20) et (III.21) est résolu par une méthode appelée « trial-solution » qui est détaillée dans la référence [9]. Dans cette méthode, on pose :

$$A_1(x, y, z, t) = A(z, t)g_1(x, y, u_1) \tag{III.22}$$

avec

$$g_1(x, y, u_1) = \frac{1}{1 - iu_1}\exp\left[-\frac{x^2 + y^2}{\omega_{01}^2(1 - iu_1)}\right]$$
$$u_1 = \frac{2z}{b_1}$$

La polarisation dans le milieu non linéaire, décrite par la partie droite de l'équation (III.21), aura une distribution spatiale gaussienne et conduira à une génération de second harmonique telle que :

$$A_2(x,y,z,t) = S(z,t)g_2(x,y,u_2),$$ (III.23)

avec

$$g_2(x,y,u_2) = \frac{1}{1-iu_2}\exp\left[-\frac{x^2+y^2}{\omega_{02}^2(1-iu_2)}\right]$$

$$u_2 = \frac{2z}{b_2}$$

où b_1, b_2 et ω_{01}, ω_{02} sont respectivement les paramètres confocaux et les rayons de ceintures des faisceaux gaussiens fondamental et harmonique. On admet usuellement que $b_2 \approx b_1$ ce que traduit en fait l'égalité $u_2 = u_1 = 2z/b$. La phase de Gouy est exprimée d'une façon explicite dans l'expression (II.11), voir chapitre II. Elle est définie par $\varphi = \arctan(z/z_r)$. Dans ce modèle, cette dernière s'écrit dans les deux expressions (III.22) et (III.23) par:

$$\frac{1}{1-iu} = \frac{1}{\sqrt{1+u^2}}e^{i\arctan(u)}$$

L'utilisation de cette relation rend plus aisée la résolution des équations différentielles. En substituant (III.22) et (III.23) dans (III.20) et (III.21) et en tenant compte de

$$\left[\frac{\partial g_j}{\partial z} + \frac{i}{2k_1}\Delta_\perp g_j\right] = 0 \quad (j = 1,2)$$

Nous obtenons

$$\frac{\partial A(z,t)}{\partial z} + \frac{1}{v_1}\frac{\partial A(z,t)}{\partial t} = 0,$$ (III.24)

$$\frac{\partial S(z,t)}{\partial z} + \frac{1}{v_2}\frac{\partial S(z,t)}{\partial t} = -i\sigma_2 A(z,t)^2 \frac{(g_1)^2}{g_2}\exp(i\Delta kz).$$ (III.25)

et avec la substitution $q = t - z/v_1$, l'équation (III.24) devient :

$$\frac{\partial A(z,q)}{\partial z} = 0$$

avec $A(z,q) = A(q)$. A partir des (III.22) et (III.23), on obtient $g_1^2 / g_2 = 1/(1 - iu)$, et (III.25) devient :

$$\frac{\partial S(z,q)}{\partial z} + \alpha \frac{\partial S(z,q)}{\partial q} = \frac{-i\sigma_2}{1-iu} A(q)^2 \exp(ivu) \qquad (III.26)$$

où $v = \Delta kb/2 = \Delta kL/2m, m = L/b$ avec L l'épaisseur du cristal, en rappelant que $\alpha = 1/v_2 - 1/v_1$ est le paramètre de GVD. En supposant que l'intensité SHG est nulle à l'entrée du cristal non linéaire, avec $A(q)$ et $S(z,q)$ représentant les amplitudes des champs au centre du faisceau et à la position du point focal pris comme origine, alors la solution de (III.26) est :

$$S(L,p) = -i\sigma_2 A_0^2 b H_{tr}(m,\mu,v,\gamma,p) \qquad (III.27)$$

avec

$$H_{tr}(m,\mu,v,\gamma,p) = \frac{1}{2} \int_{-m(1+\mu)}^{m(1-\mu)} \frac{du}{1-iu} \left[T\left(\frac{p}{\tau} + \gamma u\right) \right]^2 \exp(ivu) \qquad (III.28)$$

Dans l'équation (III.28), la forme temporelle de l'impulsion fondamentale normalisée à l'unité est décrite avec la fonction $T(t/\tau)$ où τ est la durée de cette impulsion et p est le temps local de l'impulsion SHG : $p = q - z\alpha = t - z/v_2$. Enfin :

$$\gamma = \frac{\alpha b}{2\tau} = \frac{1}{2m} \frac{L}{L_{nst}}$$

et μ est la position du point focal du faisceau dans le cristal non linéaire, voir Figure (III.2). Ainsi :

$\mu = 0$ correspond au centre de cristal,

70

$\mu = -1$ correspond à l'entrée du cristal,

$\mu = +1$ correspond à la sortie du cristal.

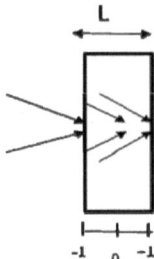

Figure III.2 : Représentation schématique de la position du point focal du faisceau gaussien dans le cristal non linéaire.

Dans la limite d'une faible focalisation $m << 1, b >> L$ et $x' = u/2m$. L'équation (III.27) se réduit alors à :

$$S(L, p) = -i\sigma_2 A_0^2 L \int_{-1/2}^{1/2} \left[T\left(\frac{p + \alpha L x'}{\tau} \right) \right]^2 \exp(i\Delta k L x') dx' \qquad (III.29)$$

Cette expression est bien connue pour le doublage de fréquence dans l'approximation de l'onde plane [22-25]. L'intensité de SHG à la sortie du cristal est :

$$I_{SHG}(L, p) = \left(\frac{c\varepsilon_0 n_2}{2} \right) |A_2(x, y, L, p)|^2 \qquad (III.30)$$

L'énergie de l'impulsion SHG, $W_{SH}(L)$, peut alors être définie par intégration de l'intensité de SHG par rapport au temps et à l'espace :

$$W_{SHG}(L) = \frac{1}{8}\pi\omega_{01}^2 (c\varepsilon_0 n_2)\sigma_2^2 b^2 |A_0|^4 \tau \int_{-\infty}^{+\infty} |H_{tr}(m, \mu, \nu, \gamma, p)|^2 dp \qquad (III.31)$$

Pour trouver l'efficacité de conversion sous une forme appropriée pour le calcul, nous supposons une impulsion fondamentale dont la forme temporelle est une sécante hyperbolique :

$$T\left(\frac{p}{\tau} + \gamma u\right) = \frac{1}{\cosh(p/\tau + \gamma u)} \qquad \text{(III.32)}$$

Avec l'utilisation de $|A_0|^2 = 4W_{fund} / b\lambda\pi c\varepsilon_0$, nous obtenons finalement :

$$\frac{W_{SHG}}{W_{fund}} = Kh_{tr}(m, \mu, \nu, \gamma) \qquad \text{(III.33)}$$

avec

$$K = \frac{4\sigma_2^2 n_2 L}{\lambda_1 c\varepsilon_0 n_1} \frac{W_{fund}}{3\tau} = \frac{16\pi^2 d_{eff}^2 W_{fund} L}{3\lambda_1^3 c\varepsilon_0 n_2 n_1 \alpha L_{nst}} \cdot$$

et

$$h_{tr}(m, \mu, \nu, \gamma) = \frac{3}{4m} \int_{-\infty}^{+\infty} \left|H_{tr}(m, \mu, \nu, \gamma, p')\right|^2 dp' \qquad \text{(III.34)}$$

Ainsi, W_{SHG}/W_{fund} est le rapport de l'énergie du second harmonique sur l'énergie fondamentale, K est une constante, $h_{tr}(m, \mu, \nu, \gamma)$ est le facteur de transition de la focalisation et $p' = p/\tau$.

III.4 Résultats numériques et discussions

Nous allons présenter des résultats numériques pour le quartz de type z-cut avec deux épaisseurs différentes 0.5 et 5 mm et un film d'alumine contenant des nanoparticules métalliques de type $Au_{75}Ag_{25}$ dont les caractéristiques sont détaillées dans le chapitre IV. Pour comparer ces résultats numériques avec ceux mesurés expérimentalement dans le chapitre II, nous devons utiliser les mêmes paramètres physiques : la distance focale de la lentille f, la durée de l'impulsion fondamentale τ, les indices du matériau $n^{2\omega}$ et n^ω ... Les résultats expérimentaux ont été réalisés avec un laser femtoseconde délivrant des impulsions ayant une largeur spatiale à mi-hauteur $\Delta\lambda_{1/2} = 3.27\,nm$ et une longueur d'onde centrale $\lambda_0 = 790\,nm$. Dans notre modèle, nous avons utilisé une impulsion fondamentale dont la forme temporelle est une sécante hyperbolique [26]. Dans ce cas, la relation entre la largeur temporelle à mi-hauteur $\Delta t_{1/2}$ et la largeur spectrale $\Delta\omega_{1/2}$ est :

$$\Delta\omega_{1/2}\Delta t_{1/2} = 1.979 \qquad\qquad (II.35)$$

avec

$$\Delta\omega_{1/2} = 2\pi c \frac{\Delta\lambda_{1/2}}{\lambda_0^2} \qquad\qquad (II.36)$$

En reportant (II.36) dans (II.35), nous obtenons une largeur temporelle à mi-hauteur $\Delta t_{1/2} = 200\,fs$. Avec le même profil temporel de l'impulsion, nous déduisons la durée temporelle de l'impulsion fondamentale par la relation :

$$\tau = \frac{\Delta t_{1/2}}{1.76} \qquad\qquad (II.37)$$

en notant que l'obtention de $\tau = 113\,fs$ pour $\Delta t_{1/2} = 200\,fs$ nous permet de déterminer la longueur non stationnaire $L_{nst} = \tau / \alpha$. Dans le cas du quartz de type z-cut, les vitesses de groupe de l'onde fondamentale et de l'onde harmonique sont respectivement $v_1 = 2.04\times10^8$ m/s et $v_2 = 1.98\times10^8$ m/s. Ces valeurs conduisent au paramètre de GVD $\alpha = 1.48 \times 10^{-10}\,s/m$. Nous déduisons ainsi $L_{nst} = 0.74\,mm$ comme annoncé dans l'introduction. Par ailleurs, l'échantillon est placé dans une configuration expérimentale où le désaccord des vecteurs d'ondes $\Delta k = 4\pi\left(n_o^{2\omega} - n_o^\omega\right)/\lambda$ vaut 320 mm^{-1}, avec n_o^ω et $n_o^{2\omega}$ les indices ordinaires à la fréquence fondamentale et harmonique issus des références [27, 28]. Dans le cas du film de particules métalliques Au$_{75}$Ag$_{25}$, n'ayant pas les valeurs des vitesses de groupe de l'onde harmonique et fondamentale, nous avons utilisé celles du quartz. Par contre, en exprimant les valeurs des indices n^ω et $n^{2\omega}$ calculées par le modèle de Maxwell-Garnett, voir chapitre IV, le désaccord des vecteurs d'onde de ce film est évalué à $\Delta k = 160\,mm^{-1}$.

La dépendance de l'efficacité du second harmonique SH avec les paramètres principaux que sont l'ordre de focalisation $m = L/b$, la longueur non stationnaire L_{nst}, le désaccord de phase Δk et la position du point focal du faisceau μ, est donnée par le facteur de transition de la focalisation h_{tr}. On rappelle alors que l'ordre de focalisation $m = L/b$ dépend de la longueur de Rayleigh du faisceau gaussien, reliée elle-même à la distance focale f de la lentille L_1 et au déplacement de l'échantillon. Pour étudier la variation de ce facteur $h_{tr}(m, \mu, \nu, \gamma)$ en fonction du déplacement de l'échantillon au voisinage du col du faisceau gaussien incident, nous devons utiliser la longueur de Rayleigh calculée dans le sous paragraphe (II.4.2) du chapitre II. Dans ce modèle, il y a deux paramètres dépendant du déplacement de l'échantillon d_2 : le paramètre confocal $b = 2nz'_R$ et la position du point focal du faisceau dans le cristal non linéaire $\mu = (f - d_2)/(L/2)$, en rappelant que d_2 est la distance entre l'échantillon et la lentille L_1 ayant une distance focale f, voir la figure (II.3) du chapitre II.

III.4.1 Cas du cristal de quartz

Les Figures (III.3) et (III.4) montrent la variation de l'efficacité SHG, h_{tr}, en fonction du déplacement de cristal du quartz d'une épaisseur de 5 mm pour différentes valeurs de la distance focale : $f = 25, 50, 75$ et 100 mm. Ces figures indiquent clairement une diminution de h_{tr} avec l'augmentation de la distance focale f car celle-ci conduit à une augmentation de la longueur de Rayleigh comme l'indique le Tableau (II.1), elle-même reliée au rapport de focalisation $m = L/b$ qui vaut ainsi 12.5, 2.77, 1.19, 0.64, valeurs respectivement obtenues pour $f = 25, 50, 75$ et 100 mm. Les valeurs prises par m étant incluses dans les deux bornes supérieures et inférieures de l'intégrale de l'expression (III.28), la diminution de m explique bien celle de h_{tr}. Par ailleurs, on observe une vallée pour $f = 25\,mm$, voir la Figure (III.3). On note cependant la diminution de la profondeur de cette vallée avec l'augmentation de la distance focale, jusqu'à sa disparition pour $f = 100$ mm, voir la Figure (III.4). Ces figures montrent que la distance entre les deux maxima de h_{tr} est égale à l'épaisseur de ce cristal pour les valeurs de distances focales f = 25, 50 et 75 mm. Cette vallée est aussi centrée sur la position du point focal de la lentille. La question de l'origine de cette vallée est donc posée compte tenu des résultats du Chapitre II. Sous la condition d'une forte focalisation caractérisée par un rapport important de L/b =12.5, 2.77, 1.19 et lorsque la position du point focal est placée au centre du cristal de quartz, position représenté par $\mu = (f - d_2)/(L/2) = 0$, l'intégration sur l'épaisseur L du cristal dépendant de plus du facteur $1/(1 - iu)$. L'expression (III.28) montre que l'accord de phase est considérablement limité réduisant ainsi l'efficacité SHG h_{tr} [29].

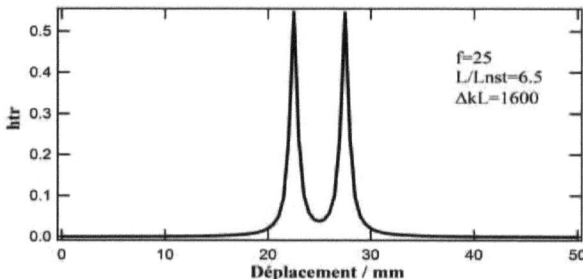

Figure III.3 : Variation de l'efficacité SHG h_{tr} en fonction du déplacement de l'échantillon pour une distance focale f = 25 mm. Le désaccord de phase normalisé est $\Delta kL = 1600$. De plus $L/L_{nst} = 6.5$ pour le quartz de 5 mm d'épaisseur.

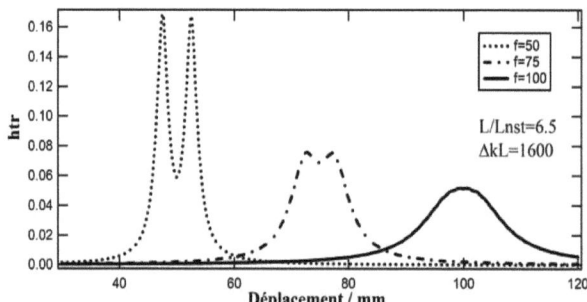

Figure III.4 : Variation de l'efficacité SHG h_{tr} en fonction du déplacement de l'échantillon pour différentes valeurs de la distance focale f. Le désaccord de phase normalisé est $\Delta kL = 1600$. $L/L_{nst} = 6.5$ vaut pour le quartz de 5 mm d'épaisseur.

Sous les conditions d'une forte focalisation et en fonction de l'épaisseur du quartz, nous montrons ainsi que l'effet destructif sur le signal de SHG résulte de la variation de la phase de Gouy, les effets non linéaires ayant été rejetés dans le chapitre précédent. Cependant, un autre facteur provenant de l'impulsion temporelle ultracourte, la dispersion de la vitesse de groupe GVD, peut aussi intervenir. Sous la condition $L \geq L_{nst}$, l'effet GVD est significatif. Cet effet contribue à l'origine de la vallée observée dans le cas où ce quartz est positionné au point focal de la lentille. Dans le régime ultracourt, la GVD intervient probablement avec la phase de Gouy dans la limitation de l'efficacité de SHG h_{tr}.

En remplaçant le quartz de 5 mm d'épaisseur par un quartz de 0.5 mm, le paramètre temporel de GVD est $L / L_{nst} = 0.65$. L'ordre de focalisation $m = L/b$ est égal à : 1.25, 0.27, 0.11, 0.06 respectivement pour les valeurs $f = 25$, 50, 75 et 100 mm. En déplaçant ce cristal de quartz mince, nous observons une petite vallée située à la distance focale de la lentille $f = 25$ mm avec une largeur correspondant à l'épaisseur du cristal, soit 0.5 mm, voir Figure (III.5). Nous notons également une diminution du maximum de l'efficacité SHG h_{tr} avec l'augmentation de la distance focale comme l'indiquent les Figures (III.5) et (III.6). Le motif de cette diminution est similaire à celle du quartz de 5 mm. Par ailleurs, le maximum de h_{tr} est plus faible pour le quartz de 0.5 mm que celui de 5 mm. Ceci provient du fait que l'ordre de focalisation m est plus petit avec le quartz de 0.5 mm que celui de 5 mm d'épaisseur.

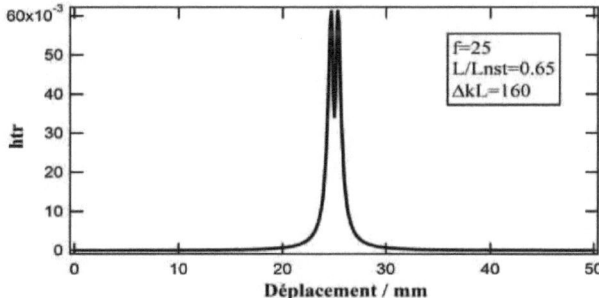

Figure III.5 : Variation de l'efficacité SHG h_{tr} en fonction du déplacement de l'échantillon pour une distance focale f=25 mm. Le désaccord de phase normalisé est $\Delta kL = 160$. $L / L_{nst} = 0.65$ pour le quartz de 0.5 mm d'épaisseur.

D'autre part, en diminuant la focalisation avec une lentille de distance focale de 50, 75, et 100 mm, nous observons des profils d'intensité ayant également une forme gaussienne, voir figure (III.6). Aucune apparition de vallée n'est cependant observée dans ces profils, seulement leur élargissement avec l'augmentation de la distance focale.

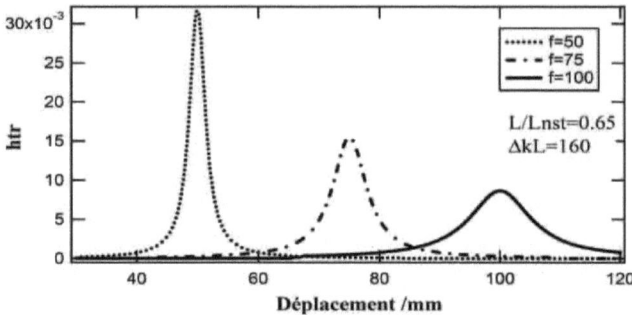

Figure III.6 :   Variation de l'efficacité SHG h_{tr} en fonction du déplacement de l'échantillon pour différentes valeurs de la distance focale f. Le désaccord de phase normalisé est $\Delta kL = 160$. $L / L_{nst} = 0.65$ pour le quartz de 0.5 mm d'épaisseur.

L'effet de GVD caractérisé par $L / L_{nst} = 0.65$ et celui de la phase de Gouy sont plus faibles que ceux obtenus pour le quartz de 5 mm. Ils montrent une faible diminution de h_{tr} au voisinage du point focal $f = 25$ mm si $m=1.25$. Par contre, pour les autres distances focales avec $m = 0.27$, 0.11, 0.06, la DVG et la variation de la phase de Gouy n'ont aucun effet sur l'efficacité de SHG, voir Figure (III.6). Afin d'obtenir un phénomène de vallée dans la variation de l'intensité de SHG en fonction du déplacement dans un cristal fin, nous devrions focaliser le faisceau fondamental avec une lentille ayant une distance focale encore plus petite avec la condition que $L \leq L_{nst}$.

III.4.2 Cas du film

Pour tenir compte lors de la simulation numérique de la très petite épaisseur du film contenant les nanoparticules métalliques qui vaut 445 nmn nous avons réalisé l'intégration numérique avec une meilleure résolution. Les deux Figures (III.7) et (III.8) montrent la variation de l'efficacité de SHG en fonction du déplacement de l'échantillon pour différentes valeurs de la distance focale f avec un désaccord de phase normalisé égal à $\Delta kL = 0.071$. Le paramètre temporel de GVD est $L / L_{nst} = 0.00059$. L'ordre de focalisation $m = L/b$ est égal à : 0.0011, 0.00025, 0.0001, 0.00005 qui sont respectivement les valeurs pour $f = 25$, 50, 75 et 100 mm. On remarque clairement une efficacité de SHG h_{tr} très faible à cause de la très petite valeur de m et de forme gaussienne avec un élargissement de la largeur à mi-hauteur des profils avec l'augmentation de la distance focale. Nous observons, comme pour le cas de cristal du quartz de 0.5 mm, une diminution du maximum de h_{tr} avec l'augmentation de la distance focale. Malgré les caractéristiques optiques différentes du film par rapport au cristal, le comportement des profils de l'intensité SHG h_{tr} en fonction du déplacement est pratiquement identique dans tous les cas comme l'indiquent les deux Figures (III.6) et (III.8). Aucune vallée n'est observée pour ce film. Ceci provient de l'effet négligeable de la GVD ($L \ll L_{nst}$) et de la variation de la phase de Gouy ($L \ll b$). Nous déduisons donc que la très faible épaisseur du film empêche la détérioration de l'efficacité SHG malgré la focalisation et la largeur temporelle courte de l'impulsion dans les conditions présentes.

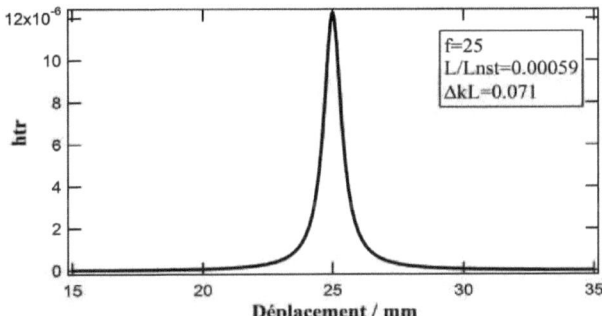

Figure III.7 : Variation de l'efficacité SHG h_{tr} en fonction du déplacement de l'échantillon pour une distance focale $f = 25$ mm. Le désaccord de phase normalisé est $\Delta kL = 0.071$. $L / L_{nst} = 0.00059$ pour le film de nanoparticules métalliques $Au_{75}Ag_{25}$ de 445 nm d'épaisseur.

III.4.3 Comparaison avec l'expérience

Dans le chapitre II, pour le quartz d'épaisseur de 5 mm, nous avons remarqué la diminution de la vallée avec l'augmentation de la distance focale, comme l'indiquent les Figures (II.8), (II.9) et (II.10) : la vallée est grande pour une distance focale $f = 50$ mm alors qu'elle diminue pour $f = 75$ mm et disparaît même pour $f=100$ mm. Dans le cas du quartz d'épaisseur de 0.5 mm, aucune vallée n'est observée pour $f = 50$ mm, voir Figure (II.11). Dans le cas du film de nanoparticules métalliques Au$_{75}$Ag$_{25}$, les figures (II.8) et (II.9) indiquent clairement l'existence d'une vallée plus grande pour $f = 50$ mm mais moins profonde pour $f = 75$ mm.

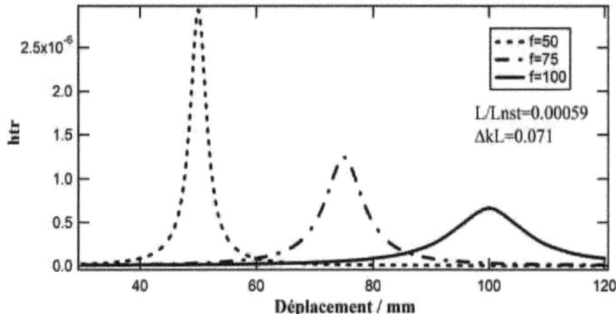

Figure III.8 : Variation de l'efficacité SHG h_{tr} en fonction du déplacement de l'échantillon pour différentes valeurs de la distance focale f. Le désaccord de phase normalisé est $\Delta kL = 0.071$. $L / L_{nst} = 0.00059$ pour le film de nanoparticules métalliques Au$_{75}$Ag$_{25}$ de 445 nm d'épaisseur.

À l'aide de la technique SHG-scan sur BBO, nous avons trouvé que l'origine de cette vallée peut provenir de l'effet de l'absorption non linéaire. Dans ce chapitre, nous avons pris en compte la phase de Gouy et la dispersion de vitesse de groupe dans le modèle théorique. Ces effets sont à l'origine de la chute de l'efficacité de SHG h_{tr} au voisinage du col du faisceau gaussien fondamental comme le montrent nos résultats numériques. Ceux-ci convergent avec les résultats expérimentaux pour le cas du quartz pour les deux épaisseurs de 5 mm et 0.5 mm. Dans le cas du film de particules bimétalliques Au$_{75}$Ag$_{25}$ pour lequel nous avions observé une vallée importante, nous avons montré que l'absorption non linéaire dominait la réponse ce qui empêche une comparaison directe avec ces simulations numériques. Cependant, nous avons aussi eu à notre disposition un autre film de nanoparticules possédant une plus faible absorption non linéaire. Il s'agit d'un film de nanoparticules métalliques d'or pour lequel nous présentons la variation de l'intensité de SHG mesurée par la technique SHG-scan comme l'indique la Figure (III.9). Ce film ne montre aucun effet dû à la phase de Gouy ni à la GVD ni à l'absorption non linéaire et est alors en excellent accord avec les simulations numériques des figures (III.7) et (III.8).

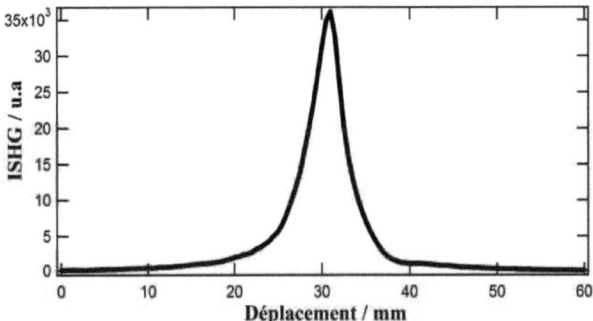

Figure III.9 :   Intensité SHG du film de nanoparticules Au de 210 nm d'épaisseur en fonction de son déplacement, obtenue par la technique SHG-scan pour une longueur d'onde d'excitation de 782 nm et une focale de 75 mm.

Du point de vue théorique, l'ajout d'un terme tenant compte de l'absorption non linéaire caractérisée par $Im(\chi^{(3)})$ dans l'équation paraxiale générale devrait permettre d'atteindre une meilleure description des résultats expérimentaux. Ce modèle est actuellement en développement au laboratoire.

III.5 Conclusion

Le modèle théorique développé dans ce chapitre décrit la dépendance du signal harmonique SHG avec les caractéristiques d'un faisceau gaussien focalisé et en impulsions ultracourtes, se propageant à la fréquence fondamentale dans un cristal de quartz et dans un film de nanoparticules métalliques $Au_{75}Ag_{25}$. Il inclut le cas d'un milieu pour lequel l'effet de la dispersion de vitesse de groupe GVD et celui de la phase de Gouy jouent un rôle important.

L'étude analytique puis numérique montre que l'effet de la phase de Gouy et éventuellement celui de la GVD sont à l'origine de la diminution de l'efficacité de SHG observée au voisinage du col du faisceau gaussien fondamental focalisé pour le quartz épais mais non pour le quartz fin et le film mince. Suite à la comparaison de l'étude expérimentale du chapitre II et du calcul analytique du chapitre III, nous retenons l'intervention de deux effets non linéaires affectant l'efficacité SHG dans le film de particules métalliques et dans le quartz. Ce sont les effets de phase de Gouy et d'absorption non linéaire. Ce dernier domine pour le cas du film métallique alors que l'effet de phase de Gouy domine pour le quartz épais. Pour mieux comprendre l'origine des profils observés, un modèle théorique tenant compte de ces deux effets de manière combinée, devient nécessaire. Les travaux actuels sont en cours dans ce sens.

Références

[1] G. D. Boyd, A. Ashkin, J. M. Dziedzic and D. A. Kleinman,, *Phys. Rev.*, **137**, A1305 (1965).

[2] G. D. Boyd and D. A. Kleinman, *J. Appl. Phys*, **39**, 3597 (1968).

[3] G. E. Francois and A. E. Siegman, *Phys. Rev.*, **139**, 4 (1965).

[4] J. T. Manassah, *J. Opt. Soc. Am. B*, **4**, 1235 (1987).

[5] E. Sidick, A. Knoesen, and A. diennes, *Opt. Lett.*, **19**, 266 (1994).

[6] S. M. Saltiel, K. Koynov, B. Agate and W. Sibbett, *J. Opt. Soc. Am. B*, **21**, 591 (2004).

[7] L. G. Gouy, *C. R. Acad. Sci. Paris*, **110**, 1251 (1890).

[8] A. E. Siegman, *Lasers,* University Science Books, Sausalito, 1986).
Note that Gouy's name is misspelled as ''Guoy'' in this reference.

[9] R. W. Boyd, *Nonlinear Optics*, Academic Press, New York, 1992, Chap. II, p. 94.

[10] A. B. Ruffin, J. V. Rudd, J. F. Whitaker, S. Feng, H. G. Winful, *Phys. Rev. Lett*, **83**, 3410 (1999).

[11] S. Feng, H. G. Winful, *Opt. Lett*, **26**, 485 (2001).

[12] B. Agate, A. J. Kemp, C. T. A. Brown and W. Sibbett, *Opt. Express*, **10**, 824 (2002).

[13] Y. Q. Li, D. Guzun, G. Salamo and M. Xiao, *J. Opt. Soc. Am. B*, **20**, 1285 (2003).

[14] S. Yu and A. M. Weiner, *J. Opt. Soc. Am. B*, **16**, 1300 (1999).

[15] D. Gunzun, Y. Li, and M. Xiao, *Opt. Commun.*, **180**, 367 (2000).

[16] M. Joffre, *Cours d'Optique non linéaire du continu au régime femtoseconde*, Ecole Polytechnique Palaiseau.

[17] J. Comly and E. Garmire, *Appl. Phys. Lett*, **12**, 7 (1968).

[18] W. H. Glenn, *IEEE J. Quantum. Electron.*, **QE-5**, 284 (1969).

[19] A. M. Weiner, *IEEE J. Quantum Electron*, **QE-19**, 1276 (1983).

[20] J. D. Jackson, *Classical electrodynamics*, John Wiley, New York, 1975.

[21] M.J.A. de Dood, *Huygens Laboratorium* , 24 January 2006.

[22] E. Sidick, A. Knoesen, and A. Dienes, *Opt. Lett.*, **19**, 266–268 (1994).

[23] E. Sidick, A. Knoesen, and A. Dienes, *J. Opt. Soc. Am. B* **12**, 1704–1712 (1995).

[24] S. A. Akhmanov, V. A. Vysloukh and A. S. Chirkin, *Optics of femtosecond Laser Pulses,* American Institute of Physics, New York, 1992, Chap.3, p. 141.

[25] J. T. Manassah and O. R. Corkings, *Opt. Lett.*, **12**, 1005 (1987).

[26] C. LeBlanc, Thèse de doctorat en physique des lasers, *Ecole polytechnique* (1993).

[27] G. Ghosh, *Opt. Commun.*, **163**, 95 (1999).

[28] Handbook of Chemistry and Physics, CRC Press, Cleveland, (1966).

[29] H. E. Major, C. B. E. Gawith, P. G. R. Smith, *Opt. Commun.*, **281**,5036 (2008).

Chapitre IV : SHG de films de nanoparticules métalliques

IV.1 Introduction

Le processus de génération de seconde harmonique a été mis en évidence par P.A. Franken et collaborateurs en 1961 [1]. Ils ont alors montré qu'un milieu non centrosymétrique comme le quartz pouvait produire un signal lumineux à la fréquence double de la fréquence du champ électromagnétique incident. D'un point de vue théorique, les premiers développements théoriques furent réalisés peu après les observations de P.A. Franken *et coll.* par P.S. Pershan et N. Bloembergen [2], puis T.F.Heinz *et coll.* proposèrent un formalisme nouveau en 1991 pour décrire ce processus non linéaire aux interfaces [3]. Dans ce formalisme, la polarisation n'est plus induite dans un milieu d'épaisseur finie, approche utilisée par P.S. Pershan et N. Bloembergen, mais plutôt dans une feuille de polarisation non linéaire d'épaisseur idéalement nulle. Cette feuille de polarisation apparaît alors comme un terme de source dans les équations de Maxwell non linéaires. J.E. Sipe *et coll.* proposa toutefois une approche plus phénoménologique reposant sur la même idée d'une feuille de polarisation non linéaire [4]. Il proposa de l'envelopper dans un milieu linéaire constituant l'interface, milieu dont les propriétés optiques linéaires peuvent ainsi être définies, les réflexions et réfractions se produisant aux frontières définissant l'interface pouvant facilement être prises en compte aux moyens des coefficients de Fresnel. D'un point de vue expérimental, l'étude du processus SHG aux interfaces ne débute réellement que dans les années 1980 [5]. En 1981, en effet, le groupe de Y.R. Shen à Berkeley montre en particulier que la technique basée sur le processus SHG dispose effectivement d'une très grande sensibilité de surface lors de l'étude de l'oxydoréduction d'une électrode d'argent plongée dans une solution électrolytique [6]. Au cours de la dernière décennie, le plus vif intérêt s'est porté sur le processus SHG dans les nano-objets, plus particulièrement dans les particules métalliques d'or, d'argent ou mixtes (or-argent, argent-nickel,...) du fait de leurs propriétés optiques et électroniques uniques. Ces propriétés sont en effet dominées par l'excitation collective des électrons de la bande de conduction appelée résonance de plasmon de surface (acronyme anglais SPR pour *Surface Plasmon Resonance*) [7]. Les études fondamentales des propriétés optiques et électroniques des particules métalliques nanométriques se sont développées bien au delà des seules considérations esthétiques comme c'est le cas lors de l'inclusion des particules métalliques d'or dans les verres pour obtenir une coloration rouge. En effet, ces propriétés optiques et électroniques sont maintenant à la base de nombreuses applications en plein essor dans des domaines très variés allant des matériaux [8-10] à la biologie [11-13]. Cependant, les études fondamentales en spectroscopie se poursuivent toujours pour façonner la réponse optique pour des besoins particuliers, par exemple pour la spectroscopie Raman exaltée de surface [14-22] et comme nous allons le voir pour l'optique non linéaire. Si la réponse des particules homogènes formées par un seul métal, l'or ou l'argent principalement, est maintenant bien comprise, il est aussi possible de synthétiser des nanoparticules composées de deux métaux. Ces particules sont plus connues sous le nom de nanoparticules bimétalliques et leurs propriétés optiques sont gouvernées par les propriétés des deux métaux ainsi que par leur morphologie. Celles-ci dépendent alors fortement de l'arrangement microscopique des atomes au sein de la particule, particules homogènes alliées ou cœur-coquille par exemple [23, 24] et sont encore très largement étudiées.

En optique non linéaire macroscopique, le paramètre qui caractérise l'efficacité d'un milieu matériel pour le processus SHG est la susceptibilité électronique de second ordre $\ddot{\chi}^{(2)}(2\omega,\omega,\omega)$. Cependant, pour des particules métalliques de taille nanométrique, il est préférable d'utiliser le pendant microscopique de la susceptibilité électronique appelé hyperpolarisabilité quadratique et noté $\ddot{\beta}(2\omega,\omega,\omega)$. Plusieurs modèles ont été développés ces dernières années pour décrire l'origine du processus SHG pour de tels systèmes non linéaires [25]. En effet, l'origine de la réponse SHG des particules métalliques sphériques de taille nanométrique a longtemps été débattue en raison de la centrosymétrie à la fois de la surface et du volume. Ce débat n'a été résolu que récemment [26]. Dans ce chapitre nous allons nous intéresser à la réponse SHG obtenue pour des films d'alumine contenant des nanoparticules métalliques de type Au_xAg_{1-x} pour x variant de 0 à 1. Le diamètre de ces nanoparticules est de l'ordre de 3 à 4 nm, ce qui est bien inférieur à la longueur d'onde du champ incident. Nous pourrons ainsi plus facilement décrire la réponse SHG des particules sans faire intervenir les effets retard dans les champs électromagnétiques à l'échelle d'une particule. Nous interpréterons donc nos résultats expérimentaux à l'aide d'un modèle basé sur l'approximation dipolaire électrique. Dans un premier temps, nous allons considérer le milieu comme un film mince possédant une fonction diélectrique $\varepsilon_f(\omega)$ et une susceptibilité quadratique $\tilde{\chi}_f^{(2)}(2\omega,\omega,\omega)$. Ce n'est que dans une seconde partie que nous tenterons de décrire la réponse au niveau microscopique en introduisant l'hyperpolarisabilité quadratique $\vec{\beta}(2\omega,\omega,\omega)$ d'une nanoparticule métallique.

Nous terminons cette introduction par un commentaire général sur les objectifs de ce chapitre. Lors d'expériences préliminaires, un signal SHG en transmission avait été obtenu pour ces films diélectriques contenant des nano particules métalliques. Celles-ci étant distribuées aléatoirement dans le film, l'origine de la réponse n'était pas claire : SHG cohérente ou incohérente. Ce chapitre a pour but de répondre à cette question. L'étude systématique de la composition des particules métalliques dépasse le cadre de celui-ci, même si ce degré de liberté supplémentaire permet de comparer les échantillons entre eux afin de mieux déterminer l'origine de cette réponse SHG.

IV.2 Fabrication et caractérisation des échantillons

Les échantillons ont été fabriqués au Centre Agrégats de Lyon au sein de l'équipe *Agrégats et Nanostructures* du LASIM (Michel Pellarin. Resp.). La méthode de fabrication est une méthode physique en phase gazeuse. Les détails des différentes étapes de la fabrication sont donnés dans les publications de cette équipe [27-29]. Brièvement, la source à vaporisation laser permettant la production des agrégats est basée sur un faisceau laser YAG dopé Nd^{3+} pulsé, doublé en fréquence à la longueur d'onde $\lambda = 532$ nm et focalisé sur un barreau solide du métal à étudier. L'irradiation du barreau par le faisceau laser engendre la formation d'une vapeur métallique chaude et partiellement ionisée appelé le plasma. Ce plasma est thermalisé par un flux continu de gaz rare Hélium engendrant la nucléation des particules métalliques. Le mélange des agrégats et du gaz porteur subit ensuite une détente supersonique dans le vide, refroidissant ainsi le jet d'agrégats. Enfin, le jet est collimaté par un écorceur et dirigé vers une chambre de dépôt ultravide à 10^{-7} mbar. En modifiant la pression du flux continu du gaz rare, le nombre de collisions efficaces pour la nucléation est modifié et la taille des nano particules peut donc être variée. Dans la chambre de dépôt, les agrégats sont co-déposés avec de l'alumine Al_2O_3 diélectrique, poreuse et transparente dans le domaine spectral d'étude compris entre 200 et 800 nm, à l'aide d'un canon à électrons sur un substrat de silice incliné à 45° du faisceau d'agrégats. L'alumine forme alors une matrice contenant les particules. La fraction volumique en nanoparticules reste faible, inférieure à 10%, voir Figure IV.1 et Tableau IV.1.

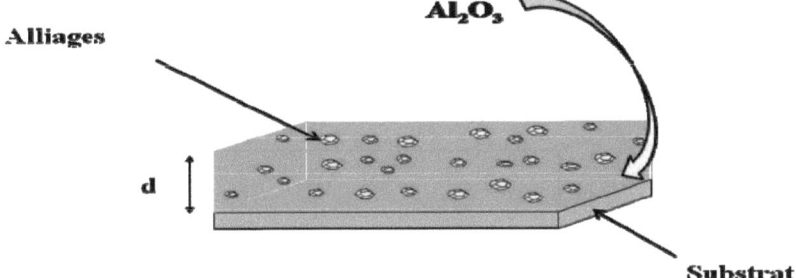

Figure IV.1 : Nanoparticules métalliques dispersées dans une matrice d'alumine diélectrique transparente : échantillons composés d'une couche de diélectrique dopée en alliages sur un substrat dont la surface est 1 cm². (Figure reprise avec permission de l'équipe *Agrégats et Nanostructures*).

Les nanoparticules seront donc considérées comme isolées et les interactions entre elles négligées. En fin de fabrication, et afin de protéger les dépôts de l'air ambiant lors des études suivantes, une fine couche supplémentaire de diélectrique d'une épaisseur de 20 nm environ est déposée sur le film composite.

	f %	d/nm	Φ/nm
Ag pur	3.5	750	4
$Au_{50}Ag_{50}$	4.3	355	2.15
$Au_{75}Ag_{25}$	3.04	445	2.34
Au pur	10.09	210	3.6

Tableau IV.1 : Propriétés des films de particules utilisés : f est la fraction volumique, d est l'épaisseur du film, Φ est le diamètre de particule.

Une analyse dispersive en énergie de rayons X (*Energy Dispersive X-Ray Spectrometry : EDX*) et en rétrodiffusion Rutherford (*Rutherford back scattering : RBS*) a montré que la stœchiométrie moyenne des agrégats dans l'échantillon est la même que dans le barreau métallique initial pour les alliages or-argent. Par ailleurs, des études en microscopie électronique à transmission (*Transmission electron microscopy : TEM*) ont montré que les nanoparticules étaient presque sphériques et aléatoirement distribuées dans le film. La distribution de taille a ainsi pu être obtenue. Les caractéristiques propres des échantillons utilisés sont données dans le tableau IV.1. Les spectres d'absorption linéaire UV-visible des différents échantillons sont donnés ci-dessous sur la Figure IV.2.

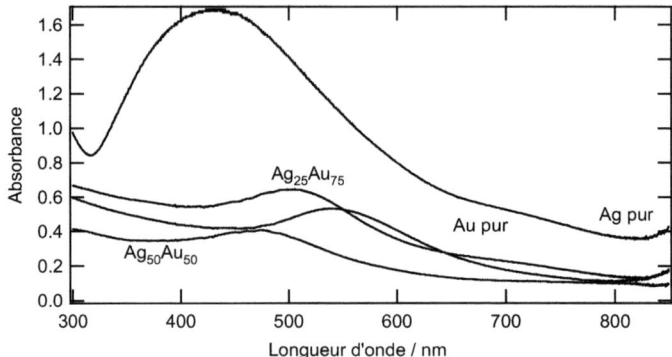

Figure IV.2 :   Spectres d'absorption UV-visible des films de nano particules utilisées dans ce chapitre (attention, les films diffèrent par leur propriétés physiques et les absorbances ne sont pas directement comparables, voir Tableau IV.1).

IV. 3 Franges de Maker

IV.3.1 Principe et objectifs

En optique non linéaire, les mesures de franges de Maker, du nom de P. D. Maker qui a proposé le premier cette mesure [30], permettent d'accéder aux propriétés optiques linéaires et non linéaires d'un matériau : la susceptibilité quadratique $\ddot{\chi}^{(2)}$, l'épaisseur d et les indices optiques aux fréquences fondamentale et harmonique $n(\omega)$ et $n(2\omega)$, plus exactement leur différence. En particulier, par comparaison avec un quartz de référence, la valeur absolue des éléments du tenseur $\ddot{\chi}^{(2)}$ peut être obtenue. Dans notre expérience, le matériau non linéaire est le film contenant les nanoparticules bimétalliques de type Au_xAg_{1-x}. Les mesures par franges de Maker consistent à enregistrer l'intensité de l'onde de second harmonique SHG en transmission produite par l'échantillon en fonction de l'angle d'incidence θ_1^{ω} entre la direction normale à la surface du film et la direction de propagation de champ incident représentée par son vecteur d'onde $\vec{k}^{(\omega)}$, voir Figure (IV.3).

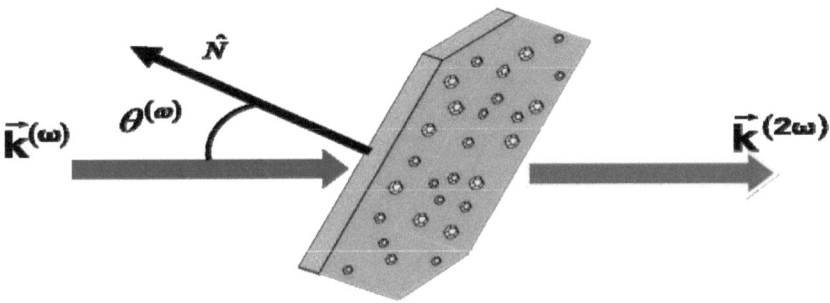

Figure IV.3 :   Schéma de principe de l'expérience des franges de Maker. (Figure partiellement reprise avec permission de l'équipe *Agrégats et Nanostructures*)

IV.3.2 Dispositif expérimental

Le dispositif expérimental est décrit sur la Figure IV.4 et consiste en une source laser formée par un oscillateur femtoseconde Titane-Saphir (Mira 900, Cohérent) pompé par un laser continu. Cet oscillateur femtoseconde délivre des impulsions d'une durée de l'ordre de 180 femtosecondes à une cadence de 76 MHz. Au cours de cette expérience, la longueur d'onde centrale du laser a été fixé à 782 nm. L'énergie par impulsion est de l'ordre de 5 nJ et la puissance moyenne du laser est de l'ordre de 460 mW mesurées à la sortie de l'oscillateur. Un hacheur optique (petit disque alternativement plein et vide tournant à une fréquence définie proche de 130 Hz) permet la mesure alternative du bruit et de la somme signal+ bruit. Un filtre passe-haut inséré sur le trajet du faisceau fondamental avant l'échantillon permet de supprimer les longueurs d'onde parasites autour de 388 nm – 600 nm. Le faisceau fondamental est envoyé en transmission par l'échantillon non linéaire fixé sur une platine de rotation motorisée et automatisée avec une précision au dixième de degré, pilotée par un ordinateur au travers du logiciel LabView. Le faisceau SHG produit par l'échantillon à 391 nm est séparé du faisceau fondamental par un filtre passe-bas inséré juste après l'échantillon et un second filtre passe-bas est inséré aussitôt après le miroir aluminium permettant ainsi de supprimer les fréquences visibles générées par ce miroir. Ce faisceau harmonique est focalisé par une lentille mince d'une distance focale de 30 cm au niveau de la fente d'entrée du monochromateur couplé à un photomultiplicateur refroidi. Le signal recueilli est enregistré par un compteur de photons de type (SR400, Stanford Research Systems) et est envoyé à l'ordinateur piloté par un programme en LabView développé au sein de l'équipe.

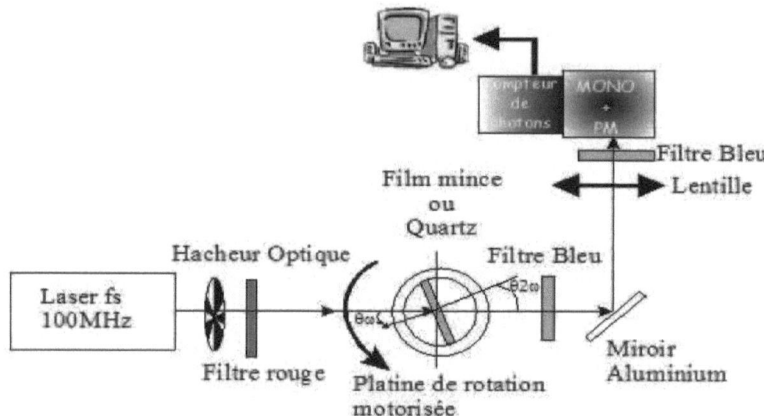

Figure IV.4 :   Schéma du dispositif expérimental de mesure des franges de Maker d'un matériau non linéaire.

IV.3.3 Résultats expérimentaux

IV.3.3.1 Monochromaticité et Franges de Maker du quartz

Avant de réaliser les expériences sur des échantillons dont les propriétés optiques linéaires et surtout non linéaires sont mal connues, il est nécessaire d'optimiser l'expérience avec un matériau non linéaire de référence dont les propriétés optiques sont bien connues. Nous avons choisi comme référence un cristal de quartz de type z-cut de 0.5 mm d'épaisseur. Le quartz est un cristal biréfringent uniaxial positif. Sa transmission est excellente de l'ultraviolet à l'infrarouge proche. De par ses propriétés biréfringentes, le cristal de quartz est très utilisé notamment pour les lames d'onde. Ses indices optiques ordinaires et extraordinaires sont accessibles dans les tables [31].

89

Afin de mettre en place le montage expérimental, nous avons débuté par la mise en évidence du processus SHG dans le quartz en enregistrant la raie SHG à la longueur d'onde moitié de la longueur d'onde fondamentale. Dans cette expérience appelée expérience de monochromaticité, le signal SHG est collecté en balayant la longueur d'onde de détection de 385 nm à 396 nm autour de la longueur d'onde harmonique $\lambda = 391$ nm en conservant la longueur d'onde fondamentale fixe à 782 nm. D'après les tables, le quartz n'est pas un matériau considéré comme fortement efficace pour le processus SHG. Cependant, il produit suffisamment de signal SHG pour nécessiter l'utilisation de conditions expérimentales particulières pour empêcher la saturation du signal : tension plus basse du PM, temps d'acquisition plus court, puissance du laser plus faible, …. Les résultats expérimentaux pour les alliages métalliques Au_xAg_{1-x} présentés dans le paragraphe suivant seront par contre obtenus avec une tension du PM maximale à 2100 V. Afin de pouvoir ensuite utiliser le quartz comme référence absolue, le signal SHG généré par le quartz a été mesuré pour plusieurs tensions du PM. La variation de l'intensité de SHG mesurée pour ce quartz en fonction de la tension du PM est linéaire et est présentée sur la Figure IV.5 pour un temps d'acquisition de 0.5 s. La Figure IV.6 montre la dépendance linéaire de l'intensité de SHG avec la tension d'alimentation du PM. Cette dépendance linéaire peut être ajustée par une droite sous la forme suivante :

$$I^{(SHG)} = a * V + b \tag{IV.1}$$

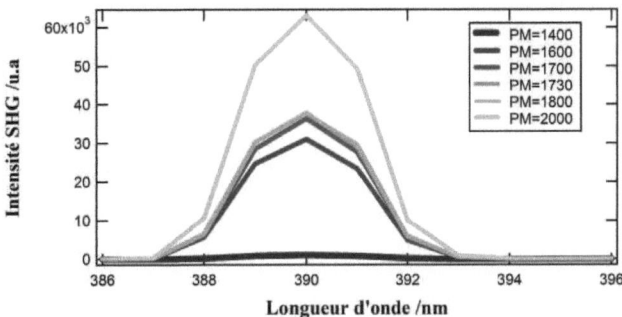

Figure IV.5 : Monochromaticité du signal SHG généré par le cristal du quartz de 0.5 mm d'épaisseur pour plusieurs valeurs de la tension d'alimentation du PM.

où V est la tension d'alimentation du PM et *a* et *b* sont deux constantes déterminées par l'ajustement.

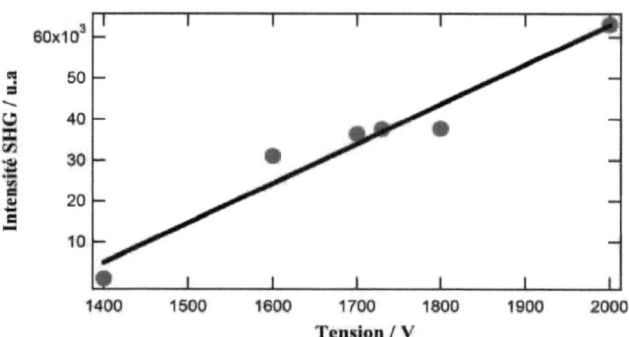

Figure IV.6:   Variation de l'intensité de SHG en fonction de la tension d'alimentation du PM pour le quartz de 0.5 mm d'épaisseur. Les disques rouges sont les mesures expérimentales et la courbe noire un ajustement linéaire.

Les spectres de monochromaticité indiquent que le cristal de quartz produit bien un signal à la fréquence harmonique attribuée au processus SHG sans bruit de fond notable. L'expérience conduisant à la mise en évidence des franges de Maker a permis ensuite d'obtenir pour le cristal du quartz du type z-cut la Figure (IV.7).

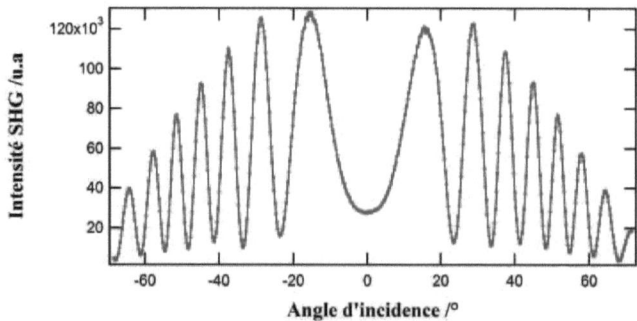

Figure IV.7 :   Franges de Maker observées pour un cristal de quartz de 0.5 mm d'épaisseur à une longueur d'onde harmonique de 391 nm pour un faisceau incident à une longueur d'onde de 782 nm.

L'angle d'incidence $\theta^{(\omega)}$ varie entre -70° et 70° et la mesure est effectuée après une rotation du cristal autour d'un axe parallèle à la direction de propagation de manière à réaliser les mesures de normalisation sur un maximum d'intensité. Dans ce cas, l'axe x du cristal est aligné avec la verticale du laboratoire. L'ajustement de ces franges permet d'obtenir les paramètres caractéristiques des propriétés optiques linéaires et non linéaires du quartz. La comparaison aux franges de Maker obtenues pour les échantillons permettra, après corrections appropriées, d'obtenir la magnitude de la susceptibilité quadratique des films. La discussion sur l'ajustement et la signification de cette courbe est reportée un peu plus loin par commodité.

IV.3.3.2 Spectres larges pour les films de particules bimétalliques Au$_x$Ag$_{1-x}$

Avant de mesurer les franges de Maker pour les échantillons, nous avons tout d'abord mis en évidence la raie SHG produite à la fréquence harmonique. En réalisant un spectre large, nous avons de plus pu mettre en évidence l'existence ou non d'un spectre de photoluminescence [32]. L'intérêt de ces mesures réside dans la distinction qu'il sera possible de faire à la fréquence harmonique entre le signal SHG et les autres signaux produits à cette fréquence comme la photoluminescence à plusieurs photons. Pour chaque échantillon, nous avons donc effectué un balayage en longueur d'onde de 385 nm à 450 nm. Par ailleurs, nous avons vérifié qu'aucun signal ne pouvait être collecté du substrat de silice ou de la matrice d'alumine seuls. Les Figures IV.8 à IV.11 ne montrent principalement autour de 391 nm qu'une seule raie, la raie SHG, avec un fond de luminescence faible. Les propriétés physiques de chaque échantillon sont détaillées dans le Tableau IV.1. Une bande large est aussi observée aux plus grandes longueurs d'onde. Son influence autour de la raie SHG à 391 nm est négligeable et aucune étude n'a été réellement engagée pour en déterminer l'origine, que ce soit la photoluminescence ou toute autre origine, y compris un bruit lié à l'environnement de l'expérience.

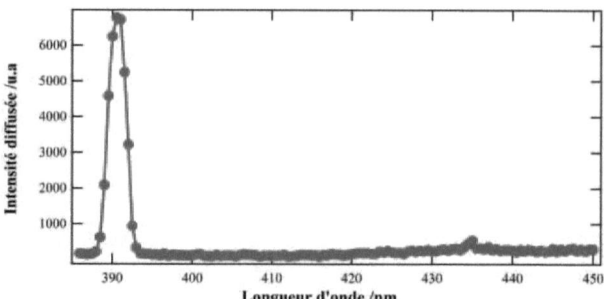

Figure IV.8: Spectre large de 385 nm à 450 nm pour un film de nanoparticules d'argent Ag.

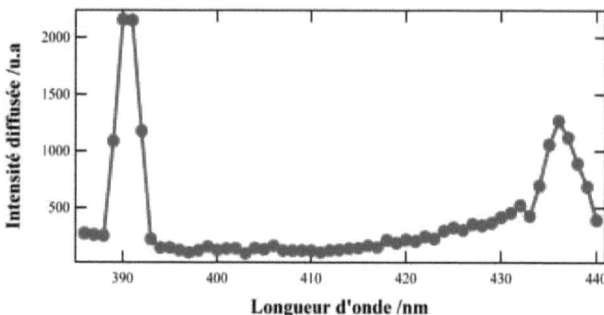

Figure IV.9: Spectre de 385 nm à 450 nm pour un film de nanoparticules d'argent $Au_{50}Ag_{50}$.

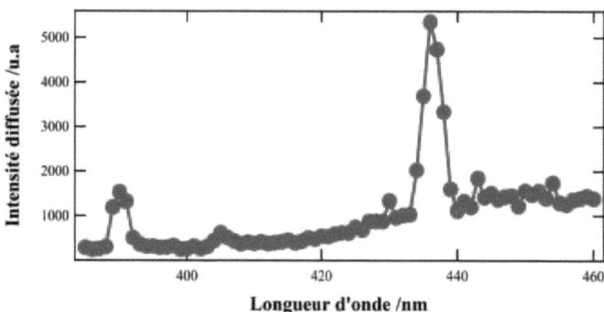

Figure IV.10: Spectre de 385 nm à 460 nm pour un film de nanoparticules $Au_{75}Ag_{25}$.

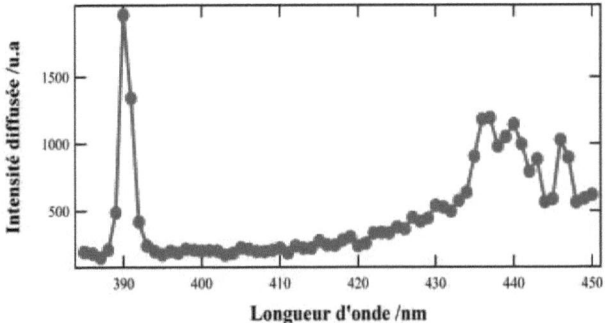

Figure IV.11:   Spectre de 385 nm à 460 nm pour un film de nanoparticules Au.

Les conditions expérimentales pour les différents films sont presque identiques entre ces différentes mesures : tension d'alimentation du PM, puissance laser… Nous sommes ainsi amenés à constater que l'intensité SHG générée par le film contenant les particules d'argent pur est nettement plus grande que celle obtenue pour les autres films, ce qui traduit une plus grande susceptibilité quadratique pour ce film malgré les corrections que nous ferons. L'origine de cette plus forte magnitude est probablement tout simplement liée au caractère résonant de cette mesure à la fréquence harmonique de 391 nm à la différence des autres échantillons. En effet, pour des nanoparticules d'Ag, la résonance SP se situe autour de 400 nm, voir la figure (IV.2), alors que pour les autres compositions, elle se situe à des longueurs d'onde plus grandes [33].

Pour une détermination quantitative de la susceptibilité quadratique de chacun des films, nous devons normaliser les valeurs de l'intensité SHG maximum. La première correction est à réaliser par rapport aux conditions expérimentales : temps d'acquisition, tension d'alimentation du PM, puissance laser… La Figure IV.12 donne l'intensité SHG avant et après les corrections expérimentales des mesures.

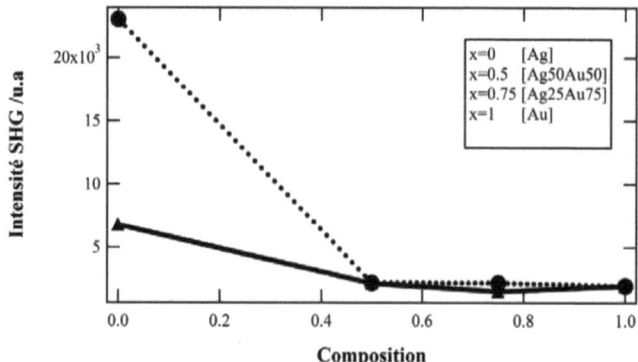

Figure IV.12: Intensité SHG corrigée des conditions expérimentales en fonction de la composition des alliages Au$_x$Ag$_{1-x}$. En trait plein, sont données les valeurs des intensités SHG brutes et en trait pointillé les valeurs correspondantes corrigées.

Cette première correction n'est cependant pas suffisante car nous n'avons pas pris en compte les propriétés intrinsèques des films de particules bimétalliques: épaisseur du film, diamètre des particules, fraction volumique... Pour y remédier, il faudrait d'abord construire un modèle microscopique pour déterminer la dépendance de la réponse SHG en fonction de ces paramètres. Nous pouvons cependant évaluer le nombre de particules irradiées dans chaque cas pour obtenir une indication sur la quantité de particules mises en jeu lors de ces mesures. La fraction volumique en nanoparticules des films est donnée par:

$$f = \frac{N \times v}{V} \tag{IV.2}$$

où N est le nombre de particules, v est le volume d'une nanoparticule et V est le volume total considéré contenant les N particules. Pour notre expérience, ce volume excité correspond au produit suivant:

$$V = S \times d \tag{IV.3}$$

où S est la section transverse du faisceau laser mesurée au niveau de l'échantillon et d est l'épaisseur du film. En combinant ces équations, nous obtenons le nombre de particules excitées par la section S du faisceau laser en fonction des paramètres du film:

95

$$N = \frac{f \times S \times d}{v} \tag{IV.4}$$

Comme la section S est une constante pour tous les échantillons, y compris le quartz de référence car le faisceau laser n'est pas focalisé, nous pouvons reformuler l'expression du nombre de particules par unité de surface N_S selon:

$$N_S = \frac{N}{S} = \frac{f \times d}{v} \tag{IV.5}$$

Finalement nous obtenons le Tableau (IV.2) suivant. Nous constatons que l'intensité SHG n'est visiblement pas corrélée directement du nombre de particules irradiées. Afin d'obtenir une meilleure compréhension de l'origine de la réponse ainsi qu'une détermination absolue des paramètres non linéaires, nous avons effectué les expériences de franges de Maker.

	f %	d /nm	Φ /nm	v /nm^3	N_S /nm^2	$I_{corrigée}^{SHG}$/u.a	I_{brut}^{SHG}/u.a
Ag pur	3.5	750	4	33.50	0.78	23041.8	13554
Ag$_{50}$Au$_{50}$	4.3	355	2.15	5.20	2.91	2202.8	2159
Ag$_{25}$Au$_{75}$	3.04	445	2.34	6.7	1.99	2190.76	1532
Au pur	10.09	210	3.6	24.37	0.86	1963	1963

Tableau IV.2: Intensités SHG corrigées pour chaque échantillon, f est la fraction volumique, d l'épaisseur du film, v le volume de chaque nanoparticule, Φ le diamètre des particules et N_S le nombre de particules excitées normalisé par rapport à la section du laser. $I_{corrigée}^{SHG}$ est l'intensité de SHG corrigée des conditions expérimentales et I_{brut}^{SHG} est l'intensité de SHG brute.

IV.3.3.3 Franges de Maker d'alliages bimétalliques Au$_x$Ag$_{1-x}$

Afin d'obtenir une mesure absolue de la susceptibilité quadratique de ces échantillons, une expérience de franges de Maker a été réalisée. Les Figures IV.13-16 montrent ainsi la dépendance du signal SHG en fonction de l'angle d'incidence $\theta^{(\omega)}$ entre la normale au plan de la surface de l'échantillon $\hat{N}$ et le vecteur d'onde $\vec{k}^{(\omega)}$, voir Figure IV.3.

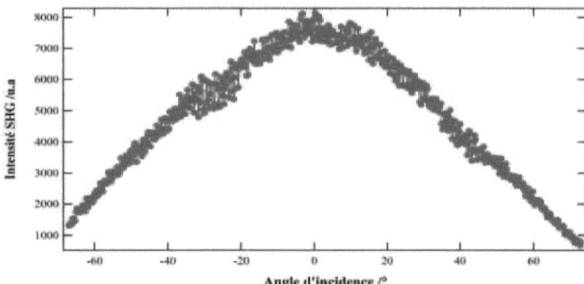

Figure IV.13: Franges de Maker enregistrées pour le film de nanoparticules d'Ag à la longueur d'onde harmonique de 391 nm.

Pour toutes ces mesures, nous avons soustrait le fond spectral recalculé à 391 nm à partir du fond mesuré à 410 nm. Celui-ci a été obtenu en réalisant une mesure identique à celle des franges de Maker mais à une longueur d'onde de 410 nm dans les mêmes conditions expérimentales. Il permet de soustraire la faible contribution observée sur les figures IV.8-11. Nous observons dans tous les cas que le maximum de l'intensité SHG est obtenu pour l'incidence normale, c'est-à-dire $\theta^{(\omega)} = 0$ à la différence du cas du quartz. Par ailleurs, ces courbes très similaires ne présentent pas les oscillations observées pour le quartz. Ces courbes restent cependant symétriques par rapport à $\theta^{(\omega)} = 0$. Enfin, ces courbes qui présentent toutes une forme en cloche évoluent régulièrement d'une forme en cloche assez pointue à une forme en cloche plus évasée lorsque la composition passe de l'argent à l'or. Pour étudier quantitativement ces résultats, il est nécessaire de présenter rapidement le formalisme conduisant à l'expression de l'intensité SHG en fonction de l'angle d'incidence.

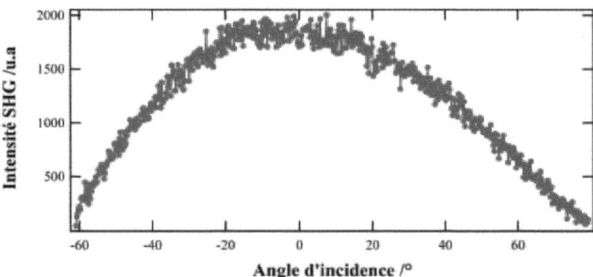

Figure IV.14: Franges de Maker enregistrées pour le film de nano particules d'Au$_{50}$Ag$_{50}$ à la longueur d'onde harmonique de 391 nm.

97

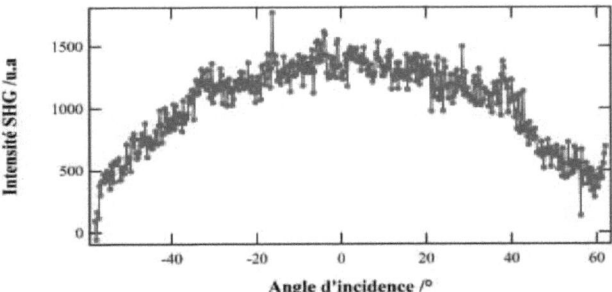

Figure IV.15: Franges de Maker enregistrées pour le film de nano particules d'$Au_{75}Ag_{25}$ à la longueur d'onde harmonique de 391 nm.

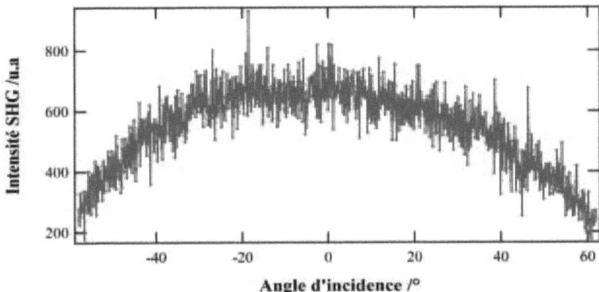

Figure IV.16: Franges de Maker enregistrées pour le film de nano particules d'Au à la longueur d'onde harmonique de 391 nm.

IV.3.4 Cadre théorique pour l'expérience des franges de Maker

D'un point de vue théorique, la description de l'intensité SHG de l'onde harmonique en fonction de l'angle d'incidence par rapport à la normale à la surface du film peut être obtenue par le modèle appelé *pile de feuilles de polarisation* ou en anglais *stack of polarization sheets*. Les trajets des différentes ondes électromagnétiques incidentes et générées lors du processus de conversion sont donnés sur la Figure (IV.17).

Sur cette Figure (IV.17), les ondes se propageant dans les sens des z positifs portent la lettre *p* alors que celles se propageant vers les z négatifs portent la lettre *m*. Dans ce modèle, le champ électrique de l'onde incidente est simplement:

$$\vec{E}_{1-}^{\omega} = \frac{1}{2}[E_{1-}^{\omega}\hat{e}_{1-}^{\omega}e^{-i\omega t}\exp(i\vec{k}_{1-}^{\omega}.\vec{r}) + c.c.] \qquad (\text{IV.6})$$

où *c.c.* symbolise le complexe conjugué, $\hat{e}_{1-}^{\omega}$ est le vecteur unitaire portant la direction de la polarisation de l'onde incidente et E_{1-}^{ω} est l'amplitude du champ électrique à la fréquence fondamentale. Le vecteur unitaire $\hat{e}_{1-}^{\omega}$ est tel que:

$$\hat{e}_{1-}^{\omega} = \cos\gamma\,\hat{p}_{1-}^{\omega} + \sin\gamma\,\hat{s} \qquad (\text{IV.7})$$

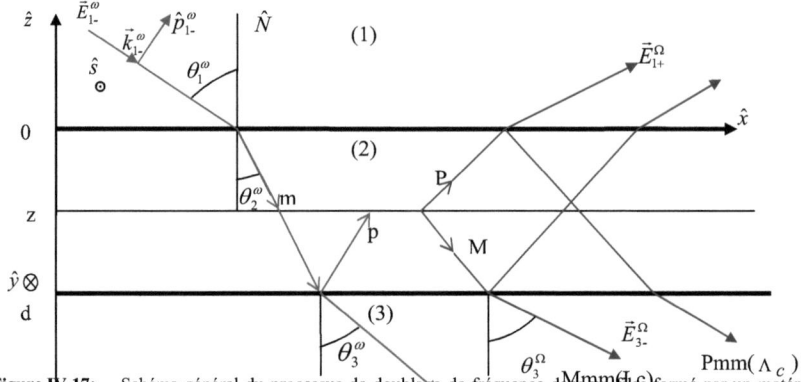

Figure IV.17: Schéma général du processus de doublage de fréquence dans un film formé par un matériau optiquement non linéaire. En rouge, on a représenté l'onde de fréquence fondamentale et en bleu l'onde de fréquence harmonique. Le schéma décrit les principales réflexions et transmissions aux interfaces mais pourrait être prolongé pour décrire complètement les réflexions multiples.

en introduisant γ l'angle de polarisation linéaire de l'onde fondamentale. Par ailleurs, nous devons introduire les vecteurs $\hat{p}_{1-}^{\omega}$, vecteur unitaire portant la polarisation dans le plan d'incidence Oxz:

$$\hat{p}_{1-}^{\omega} = \cos\theta_1^{\omega}\hat{x} + \sin\theta_1^{\omega}\hat{z} \qquad (\text{IV.8})$$

et $\hat{s}$, vecteur unitaire portant la polarisation dans le plan perpendiculaire au plan d'incidence:

$$\hat{s} = \hat{S} = -\hat{y} \qquad (IV.9)$$

Enfin, le vecteur d'onde $\vec{k}_{1-}^{\omega}$ de l'onde fondamentale incidente est simplement:

$$\hat{k}_{1-}^{\omega} = \frac{n(\omega)\omega}{c}\left(\sin\theta_1^{\omega}\hat{x} - \cos\theta_1^{\omega}\hat{z}\right) \qquad (IV.10)$$

Le champ électrique total résultant des différentes réflexions et transmissions aux interfaces se propageant dans le milieu non linéaire indicé 2 possède une partie se propageant vers les z négatifs et une partie se propageant vers les z positifs, voir Figure IV.17. Sa forme est:

$$\vec{E}_2^{\omega} = \frac{1}{2}[E_{1-}^{\omega}(\vec{e}_{2-}^{\omega}e^{-i\phi_2^{\omega}z} + \vec{e}_{2+}^{\omega}e^{i\phi_2^{\omega}z})e^{-i\omega t}\exp(ik_{2x}^{\omega}x) + c.c] \qquad (IV.11)$$

en ayant séparé les facteurs de phase faisant intervenir les composantes du vecteur d'onde selon les axes Ox et Oz. $\vec{e}_{2-}^{\omega}$ est le vecteur portant la direction du champ électrique dans le milieu 2 à la fréquence fondamentale ω pour l'onde se propageant vers les z négatifs alors que $\vec{e}_{2+}^{\omega}$ est ce vecteur pour l'onde se propageant vers les z positifs :

$$\vec{e}_{2-}^{\omega} = (\hat{s}t_{12}^s\hat{s} + \hat{p}_{2-}^{\omega}t_{12}^p\hat{p}_{1-}^{\omega})\cdot\hat{e}_{1-}^{\omega} \qquad (IV.12a)$$

$$\vec{e}_{2+}^{\omega} = (\hat{s}t_{12}^s r_{23}^s\hat{s} + \hat{p}_{2+}^{\omega}t_{12}^p r_{23}^p\hat{p}_{1-}^{\omega})\cdot\hat{e}_{1-}^{\omega} \qquad (IV.12b)$$

Nous avons de plus :

$$k_{2x}^{\omega} = n_2^{\omega}\frac{\omega}{c}\sin\theta_2^{\omega} \qquad (IV.13a)$$

$$k_{2z,\mp}^{\omega} = \mp n_2^{\omega}\frac{\omega}{c}\cos\theta_2^{\omega} = \mp\phi_2^{\omega} \qquad (IV.13b)$$

où t_{12}^s et t_{12}^p sont les facteurs de Fresnel de transmission à l'interface air-matériau non linéaire et dépendant de l'angle d'incidence θ_1^{ω}. De façon similaire, r_{23}^s et r_{23}^p sont les facteurs de Fresnel de réflexion à l'interface matériau non linéaire-air pour les polarisations

$\hat{s}$ et $\hat{p}$. La polarisation non linéaire oscillant à la fréquence harmonique Ω générée par le milieu 2 est, dans l'approximation dipolaire électrique [4]:

$$\vec{P}^{(\Omega)}(z) = \frac{1}{4}\varepsilon_0\ddot{\chi}_2^{(2)} : \vec{E}_2^\omega \vec{E}_2^\omega \tag{IV.14}$$

en posant $\Omega = 2\omega$. Nous avons encore:

$$\vec{P}^{(\Omega)}(x,z) = \frac{1}{16}\varepsilon_0\left|E_{1-}^\omega\right|^2 e^{-2i\omega t}\exp(2ik_{2x}^\omega x)\ddot{\chi}_2^{(2)}[\vec{e}_{2-}^\omega e^{-i\phi_2^\omega z} + \vec{e}_{2+}^\omega e^{i\phi_2^\omega z}][\vec{e}_{2-}^\omega e^{-i\phi_2^\omega z} + \vec{e}_{2+}^\omega e^{i\phi_2^\omega z}] + c.c. \tag{IV.15}$$

Le champ électrique à la fréquence harmonique $\vec{E}^{(\Omega)}$ obéit aux équations de Maxwell. Leur résolution conduit à l'expression suivante [3]:

$$E^{(\Omega)}(z,x)\hat{e}^{(\Omega)} = \vec{E}^{(\Omega)}(z,x) = \frac{1}{2}i\mu_0\frac{\Omega^2}{W_2^\Omega}\vec{P}^{(\Omega)}(z,x) \tag{IV.16}$$

avec $W_2^\Omega = \sqrt{\varepsilon_2^\Omega}\dfrac{2\omega}{c}\cos\theta_2^\Omega$ pour une feuille de polarisation non linéaire située à l'abscisse z. De plus:

$$\vec{e}^\Omega = \vec{e}_-^\Omega\exp(i\phi_2^\Omega z) + \vec{e}_+^\Omega\exp(-i\phi_2^\Omega z) \tag{IV.17a}$$

$$\vec{e}_-^\Omega = (\hat{S}T_{23}^s\hat{S} + \hat{P}_{2-}^\Omega T_{23}^p\hat{P}_{2-}^\Omega)\cdot\hat{e}_{3-}^\Omega \tag{IV.17b}$$

$$\vec{e}_+^\Omega = (\hat{S}T_{23}^s R_{21}^S\hat{S} + \hat{P}_{3+}^\Omega T_{23}^P R_{21}^P\hat{P}_{2+}^\Omega)\cdot\hat{e}_{3-}^\Omega \tag{IV.17c}$$

$$\hat{e}_{3-}^\Omega = \sin\Gamma\hat{S} + \cos\Gamma\hat{P}_{3-}^\Omega \tag{IV.17d}$$

Finalement, en coordonnées cartésiennes, il vient:

$$\vec{e}_-^\Omega = -\hat{y}T_{23}^S\sin\Gamma + \cos\theta_2^\Omega T_{23}^P\cos\Gamma e^{i\Delta}\hat{x} + \sin\theta_2^\Omega T_{23}^P\cos\Gamma e^{i\Delta}\hat{z} \tag{IV.18a}$$

$$\vec{e}_+^\Omega = -\hat{y}T_{23}^S R_{21}^S\sin\Gamma - \cos\theta_2^\Omega T_{23}^P R_{21}^P\cos\Gamma e^{i\Delta}\hat{x} + \sin\theta_2^\Omega T_{23}^P R_{21}^P\cos\Gamma e^{i\Delta}\hat{z} \tag{IV.18b}$$

où T_{23}^S et T_{23}^P sont les facteurs de Fresnel de transmission à l'interface matériau non linéaire-air dépendant de l'angle θ_3^Ω entre la direction de propagation du champ électrique harmonique dans ce milieu et la normale à l'interface. De façon similaire, R_{21}^S et R_{21}^P sont les facteurs de Fresnel de réflexion à l'interface matériau non linéaire-air. Γ est défini par l'angle de polarisation linéaire de l'onde harmonique. Nous avons par ailleurs les définitions suivantes :

$$\hat{P}_{3-}^\Omega = \cos\theta_3^\Omega \hat{x} + \sin\theta_3^\Omega \hat{z} \qquad \text{(IV.19a)}$$

$$\hat{P}_{3+}^\Omega = -\cos\theta_3^\Omega \hat{x} + \sin\theta_3^\Omega \hat{z} \qquad \text{(IV.19b)}$$

Pour calculer l'expression de l'amplitude du champ électrique harmonique (IV.16), il suffit de développer l'expression (IV.15) de la polarisation non linéaire $\vec{P}^{(\Omega)}(x,z)$. Toutefois, nous allons restreindre le calcul au seul terme $\vec{e}_{2-}^\omega \vec{e}_{2-}^\omega$ qui domine en raison des faibles coefficients de réflexion à l'interface film-air. Ce terme conduit en effet à l'onde harmonique en transmission qui peut être accordée en phase. Il vient :

$$\vec{e}_{2-}^\omega \vec{e}_{2-}^\omega = \sin^2\gamma (t_{12}^S)^2 \hat{s}\hat{s} + 2\sin\gamma\cos\gamma e^{i\delta} t_{12}^S t_{12}^P \hat{s}\hat{p}_{2-}^\omega + \cos^2\gamma e^{2i\delta}(t_{12}^P)^2 \hat{p}_{2-}^\omega \hat{p}_{2-}^\omega \qquad \text{(IV.20)}$$

L'amplitude du champ électrique SHG est alors donnée par :

$$\vec{E}^{(\Omega)}(z) = \frac{1}{16}i\mu_0 \frac{\Omega^2}{w_2}\varepsilon_0 \left|E_{1-}^\omega\right|^2 \ddot{\chi}_2^{(2)} : [\vec{e}_{2-}^\omega \vec{e}_{2-}^\omega e^{-2i\phi_2^\omega z}] \qquad \text{(IV.21)}$$

ou encore, pour la composante selon le vecteur directeur $\vec{e}_T^\Omega$:

$$\vec{e}_T^\Omega \cdot \vec{E}^\Omega = \frac{1}{16}i\mu_0 \frac{\Omega^2}{w_2}\varepsilon_0 \left|E_{1-}^\omega\right|^2 [\vec{e}_-^\Omega \exp(i\phi_2^\Omega z) + \vec{e}_+^\Omega \exp(-i\phi_2^\Omega z)] \cdot \ddot{\chi}_2^{(2)} : [\vec{e}_{2-}^\omega \vec{e}_{2-}^\omega e^{-2i\phi_2^\omega z}] \qquad \text{(IV.22)}$$

Pour mieux comprendre l'origine des différentes contributions et pourquoi seuls certains termes sont retenus, il est possible d'utiliser l'expression de l'amplitude du champ électrique à la fréquence fondamentale sous une forme générale $[m+p]$, m signifiant une contribution directe se propageant vers les abscisses z négatives et p vers les abscisses z positives en raison de la réflexion sur la face inférieure du film. Par suite, en raison du produit tensoriel présent dans la polarisation non linéaire $\vec{e}_2^{\,\omega}.\vec{e}_2^{\,\omega}$, nous pouvons formuler la polarisation non linéaire avec plusieurs termes. Formellement, nous écrivons:

$$\vec{P}^{(\Omega)}(z) \to [m+p][m+p] \to [mm + 2mp + pp] \qquad \text{(IV.23)}$$

A la fréquence harmonique, l'onde produite se propage selon les z positifs ou négatifs, la feuille de polarisation pouvant radier indifféremment des deux côtés. Ainsi, l'onde harmonique possède les contributions suivantes:

$$\begin{aligned}\vec{E}^{(\Omega)}(z) &\to [M+P]:[m+p][m+p]\\ &\to [Mmm + 2Mmp + Mpp + Pmm + 2Pmp + Ppp]\end{aligned} \qquad \text{(IV.24)}$$

La contribution du type Mmm correspond à la contribution usuelle qu'il est possible d'optimiser par accord de phase. Cette contribution, voir la figure (IV.18), est collectée en transmission lors des expériences des franges de Maker. La contribution Pmm existe lors d'une expérience de franges de Maker en transmission en raison de l'interface d'entrée du matériau non linéaire permettant une réflexion vers les z négatifs de l'onde harmonique se propageant initialement vers les z positifs. Dans le cas de l'onde Mmm où il y a un accord de phase possible, la longueur de cohérence est

$$L_C = \frac{\lambda}{4[n_2^{2\omega}\cos\theta_2^{2\omega} - n_2^{\omega}\cos\theta_2^{\omega}]} \qquad \text{(IV.25)}$$

L'accord de phase est obtenu en minimisant le dénominateur de cette expression. Dans le cas de l'onde Pmm, on définit une longueur de couplage, plus faible que la longueur de cohérence, par:

$$\Lambda_C = \frac{\lambda}{4[n_2^{2\omega}\cos\theta_2^{2\omega} + n_2^{\omega}\cos\theta_2^{\omega}]} \qquad \text{(IV.26)}$$

dont le dénominateur ne peut être minimisé. Ainsi, il ne peut y avoir accord de phase. Il est intéressant de remarquer que l'ordre de grandeur de la longueur de cohérence est de 10 μm si on estime le désaccord de phase $\Delta n = n_2^{2\omega} - n_2^{\omega}$ à 0.02 environ pour un cristal de quartz d'une épaisseur de 500 μm. Par contre, la longueur de couplage pour ce même quartz aura pour ordre de grandeur $\Lambda_C = \lambda/8n_2^{2\omega}$ soit environ 60 nm. Nous noterons que puisque nous avons, de manière générale, une interface d'entrée matériau-air et une interface de sortie air-matériau permettant les réflexions des ondes harmoniques et fondamentales, *a priori* toute les contributions doivent être considérées. Selon le cas, seuls certains termes dominent. Dans l'expérience des franges de Maker, il est usuel de ne conserver que le terme *Mmm* pour un échantillon suffisamment épais.

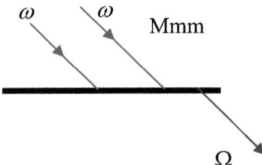

Figure IV.18 :   Représentation graphique simple de la contribution *Mmm*.

La contribution dominante sera en effet toujours la contribution *Mmm*, voir Figure (IV.18), si l'épaisseur du matériau est de l'ordre de grandeur ou supérieure à la longueur de cohérence L_C ce qui est le cas pour notre cristal de quartz d'épaisseur 0.5 mm. Des expériences menées sur des films à faces non parallèles ont cependant permis de distinguer les contributions *Mmm* et *Pmm*. Le cas des films métalliques est plus délicat. Toutefois les épaisseurs sont plutôt de l'ordre de grandeur de la longueur de cohérence. La longueur de couplage reste plus petite. En effet, la longueur de cohérence L_C du film Ag ayant une épaisseur de 750 nm est de l'ordre de 550 nm alors que la longueur de couplage est environ 50 nm. Nous ne conserverons donc, dans l'expression de l'amplitude de l'onde harmonique, que la contribution *Mmm*. Par la suite, nous assimilerons le vecteur $\vec{e}_T^{\,\Omega}$ au vecteur $\vec{e}_-^{\,\Omega}$.

Pour l'obtention de l'amplitude totale de l'onde harmonique produite par le milieu non linéaire, nous devons intégrer sur l'épaisseur d de l'échantillon. Ainsi:

$$\vec{E}^{(\Omega)}\vec{e}^{(\Omega)} = \int_0^d \vec{E}^{(\Omega)}(z)\vec{e}^{(\Omega)}dz$$
$$= \frac{1}{16}\varepsilon_0\mu_0\frac{\Omega^2}{W_2}\left|E_{1-}^\omega\right|^2\left(\vec{e}^\Omega\cdot\vec{\chi}^{(2)}:\vec{e}_{2-}^\omega\vec{e}_{2-}^\omega\right)\frac{e^{i(k_2^\Omega-2k_2^\omega)d}-1}{k_2^\Omega-2k_2^\omega} \tag{IV.27}$$

le vecteur directeur $\vec{e}^\Omega$ étant pris égal à $\vec{e}_T^\Omega$ pour une expérience en transmission. La forme de cette amplitude peut être réarrangée. En effet :

$$\Delta k = k_2^\Omega - 2k_d^\omega = \frac{4\pi}{\lambda}(n_2^{2\omega}\cos\theta_2^{2\omega} - n_2^\omega\cos\theta_2^\omega) \tag{IV.28a}$$

$$\left|e^{i\Delta kd}-1\right|^2 = 4\sin^2(\Delta kd/2) \tag{IV.28b}$$

Ainsi, l'intensité de l'onde harmonique s'écrit :

$$\vec{E}^{(\Omega)}\vec{E}^{(\Omega)*} = \frac{1}{256c^4}\frac{\Omega^4}{\left|W_2^\Omega\right|^2}\left|E_{1-}^\omega\right|^4\left|\vec{e}^\Omega\cdot\vec{\chi}_2^{(2)}:\vec{e}_{2-}^\omega\vec{e}_{2-}^\omega\right|^2d^2\left(\frac{\sin(\Delta kd/2)}{\Delta kd/2}\right)^2 \tag{IV.29}$$

Par ailleurs, l'expression de l'intensité harmonique en W/m^2 est :

$$I^{2\omega} = \frac{1}{2}\sqrt{\frac{\varepsilon_0}{\mu_0}}\sqrt{\varepsilon_3^\Omega}\,\vec{E}^{(\Omega)}\vec{E}^{(\Omega)*} \tag{IV.30}$$

A l'aide des relations (IV.29) et (IV.30), l'intensité de l'onde harmonique en transmission s'écrit :

$$I_T^{2\omega} = \frac{\omega^2}{8\varepsilon_0c^3}\frac{\sqrt{\varepsilon_3^\Omega}}{\varepsilon_2^\Omega\varepsilon_1^\omega\cos^2\theta_2^\Omega}\left|\vec{e}_T^\Omega\cdot\vec{\chi}_2^{(2)}:\vec{e}_{2-}^\omega\vec{e}_{2-}^\omega\right|^2d^2\left(\frac{\sin\Delta kd/2}{\Delta kd/2}\right)^2\left(I^\omega\right)^2 \tag{IV.31}$$

Cette expression servira donc à ajuster les franges de Maker obtenues précédemment avec ces quatre paramètres : les deux indices à la fréquence fondamentale et harmonique n_2^ω et $n_2^{2\omega}$, l'épaisseur d et la valeur absolue de la susceptibilité quadratique $\left|\vec{\chi}_2^{(2)}\right|$. Des ajustements, nous obtiendrons en fait les propriétés optiques linéaires à travers le paramètre

$\Delta kd / 2$ alors que la valeur absolue de la susceptibilité quadratique sera obtenue par comparaison au quartz. Notons enfin que ce travail de dérivation était rendu nécessaire par l'apparition des constantes caractérisant le matériau dans le pré-facteur, pré-facteur nécessaire pour une normalisation correcte.

IV.3.5 Analyses et discussions

Afin de déterminer la valeur absolue de la susceptibilité quadratique d'un film de nanoparticules métalliques, nous avons suivi plusieurs étapes. Tout d'abord, nous avons ajusté les résultats expérimentaux montrés dans les Figures IV.6, IV.13-16 avec l'équation (IV.31). Dans le cas du cristal du quartz, l'équation (IV.31) prend la forme simple suivante:

$$I_{TQ}^{2\omega} = G_Q |\chi_Q|^2 d_Q^2 \left(\frac{\sin \Delta k_Q d_Q / 2}{\Delta k_Q d_Q / 2} \right)^2 \left(I^\omega \right)_Q^2 \qquad (IV.32)$$

avec $\left| \chi_Q \right| = \left| \tilde{\chi}_{Q,xxx}^{(2)} \right|$, Q représente le cristal du quartz

$$G_Q = \frac{\omega^2}{8\varepsilon_0 c^3} \frac{\sqrt{\varepsilon_3^\Omega}}{\varepsilon_Q^\Omega \varepsilon_1^\omega \cos^2 \theta_Q^\Omega} \qquad (IV.33)$$

et

$$\frac{\Delta k_Q d_Q}{2} = \frac{2\pi}{\lambda} (n_Q^{2\omega} \cos\theta_Q^{2\omega} - n_Q^\omega \cos\theta_Q^\omega) d_Q \qquad (IV.34)$$

L'ajustement de l'équation IV.32 avec les franges de Maker obtenues en Figure IV.6 est visible sur la figure suivante:

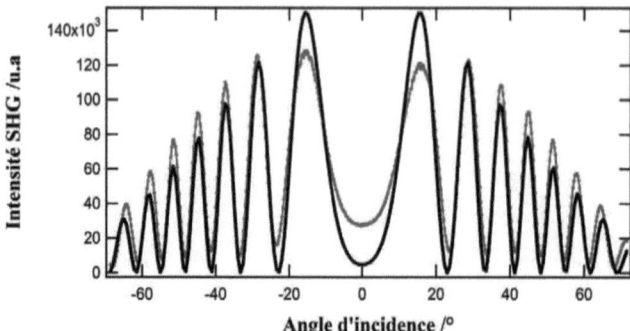

Figure IV.19:   Franges de Maker du cristal du quartz de 0.5 mm d'épaisseur en fonction de l'angle d'incidence. La courbe rouge donne les valeurs expérimentales et la courbe noire l'ajustement.

Dans le cas du film des nanoparticules métalliques, l'équation (IV.31) se met sous la forme (IV.35) :

$$I_{Tf}^{2\omega} = G_f \left| \chi_f \right|^2 d_f^2 \left(\frac{sin \Delta k_f d_f / 2}{\Delta k_f d_f / 2} \right)^2 \left(I^\omega \right)_f^2 \tag{IV.35}$$

avec $\left| \chi_f \right| = \left| \tilde{\chi}_{f,xxx}^{(2)} \right|$, f représente le film

$$G_f = \frac{\omega^2}{8\varepsilon_0 c^3} \frac{\sqrt{\varepsilon_3^\Omega}}{\varepsilon_f^\Omega \varepsilon_1^\omega \cos^2 \theta_f^\Omega} \tag{IV.36}$$

et

$$\frac{\Delta k_f d_f}{2} = \frac{4\pi}{\lambda} (n_f^{2\omega} \cos \theta_f^{2\omega} - n_f^\omega \cos \theta_f^\omega) d_f \tag{IV.37}$$

L'ajustement de l'équation (IV.35) avec les franges de Maker de films de nanoparticules métalliques conduit aux Figures suivantes:

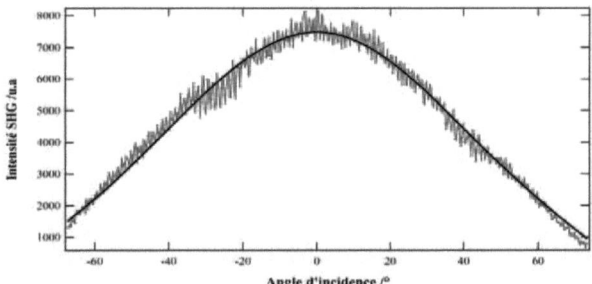

Figure IV.20 : Franges de Maker du film de nanoparticules d'Ag en fonction de l'angle d'incidence. La courbe rouge donne les valeurs expérimentales et la courbe noire l'ajustement.

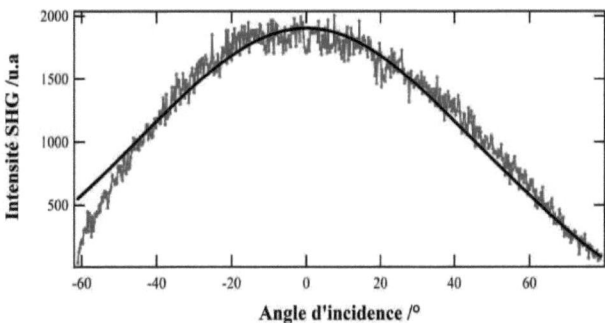

Figure IV.21: Franges de Maker du film de nanoparticules d'Au$_{50}$Ag$_{50}$ en fonction de l'angle d'incidence. La courbe rouge donne les valeurs expérimentales et la courbe noire l'ajustement.

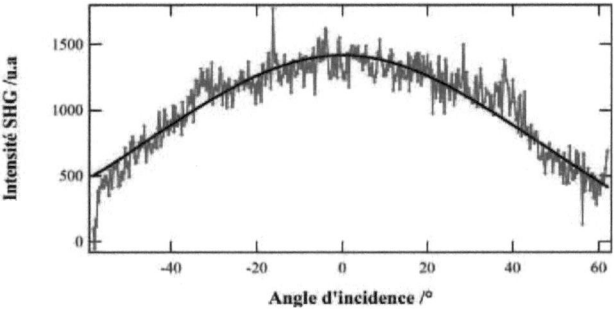

Figure IV.22: Franges de Maker du film de nanoparticules d'Au$_{75}$Ag$_{25}$ en fonction de l'angle d'incidence. La courbe rouge donne les valeurs expérimentales et la courbe noire l'ajustement.

Nous observons un bon accord théorie-expérience et de cet ajustement nous pouvons déterminer les indices optiques à la fréquence fondamentale ω et harmonique $\Omega = 2\omega$ ainsi que l'épaisseur de chaque échantillon, voir le tableau (IV.3).

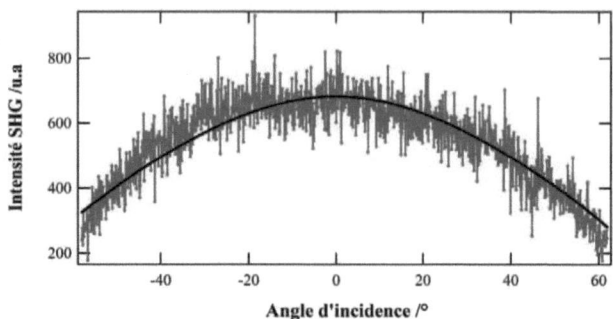

Figure IV.23: Franges de Maker du film de nanoparticules d'Au en fonction de l'angle d'incidence. La courbe rouge donne les valeurs expérimentales et la courbe noire l'ajustement.

	Epaisseur ajustée /nm	Epaisseur théorique /nm	$n^{MK}_{800\,nm}$	$n^{MK}_{400\,nm}$
Ag pur	733	750	2.06	1.73
Ag$_{50}$Au$_{50}$	332	355	1.5	1.87
Ag$_{25}$Au$_{75}$	420	445	1.84	1.49
Au pur	207	210	1.81	1.83
Quartz	499.9×10^3	500×10^3	1.6073	1.6316

Tableau IV.3: Valeurs de l'épaisseur et des indices optiques aux fréquences fondamentales et harmoniques des films de nanoparticules et du quartz, obtenues par le modèle de frange de Maker (indice MK).

Les épaisseurs des films obtenues par ajustement sont en excellent accord avec les épaisseurs réelles des films. Pour les indices optiques, nous pouvons réaliser une approche en milieu effectif pour nous assurer de la validité des indices obtenus, cette approche sera présentée dans le paragraphe (IV.4).

L'étape suivante consiste à calculer la valeur absolue de la susceptibilité quadratique $\left|\chi_f^{(2)}\right|$ des films. Nous avons évoqué dans le paragraphe précédent sur les résultats expérimentaux que le quartz pouvait être considéré comme une référence externe pour déterminer de manière absolue $\left|\chi_f^{(2)}\right|$. Cette possibilité est réalisée en normalisant l'intensité des franges de Maker générée par les films avec celle du quartz. Nous allons donc utiliser ci-après les valeurs des intensités SHG obtenues après corrections des conditions expérimentales.

Nous formons donc le rapport des équations (IV.32) et (IV.35):

$$\frac{I_{Tf}^{2\omega}}{I_{TQ}^{2\omega}} = \frac{G_f\left|\chi_f\right|^2 d_f^2\left(\dfrac{\sin\Delta kd_f/2}{\Delta kd_f/2}\right)^2\left(I^\omega\right)_f^2}{G_Q\left|\chi_Q\right|^2 d_Q^2\left(\dfrac{\sin\Delta kd_Q/2}{\Delta kd_Q/2}\right)^2\left(I^\omega\right)_Q^2} \tag{IV.38}$$

Dans le cas présent, les milieux 1 et 3 sont assimilés à l'air, donc $\varepsilon_3^{2\omega} = \varepsilon_1^\omega = (n_{air}^\omega)^2 = 1$. Plusieurs paramètres dépendent de l'angle incidence θ_1^ω. D'après les lois de Snell-Descartes, les angles dans les différents milieux sont liés par :

$$n_1^\omega\sin\theta_1^\omega = n_2^\omega\sin\theta_2^\omega = n_2^{2\omega}\sin\theta_2^{2\omega}$$

Cependant, d'après les Figure (IV.20-23), nous observons que le plus simple est de réaliser une comparaison des intensités à $\theta_1^\omega = 0$. Cette configuration correspond à tous les angles nuls. Nous noterons aussi que les intensités mesurées ainsi sont finalement identiques aux mesures présentées en début de chapitre et obtenues par mesure des monochromaticités. En prenant pour la valeur absolue de coefficient de la susceptibilité non linéaire d'ordre 2 du quartz $\left|\ddot{\chi}_Q^{(2)}\right| = 0.6$ pm/V [34], nous obtenons finalement le tableau (IV.4) ainsi que la Figure (IV.24). Cette valeur absolue de référence correspond à la composante d_{11} usuelle pour le quartz lorsque les axes de celui-ci sont correctement orientés dans le plan perpendiculaire à la direction de propagation par rapport aux axes du laboratoire et à la polarisation incidente du faisceau fondamental.

La Figure (IV.24) montre que le module $\left|\chi_f^{(2)}\right|$ de la susceptibilité non linéaire d'ordre 2 du film de nanoparticules métalliques est plus grand dans le cas des particules d'argent que dans le cas des particules $Ag_{50}Au_{50}$, $Ag_{25}Au_{75}$ et Au. La remarque initiale sur le caractère résonant de l'expérience pour les particules d'argent prend ici toute son importance. La réponse non linéaire à la fréquence double pour des nanoparticules d'Ag peut en effet être exaltée par la résonance de plasmon de surface.

	$\left|\chi_2^{(2)}\right|$ pm/V
Ag pur	28.99
$Ag_{50}Au_{50}$	15.93
$Ag_{25}Au_{75}$	11.09
Au pur	23.34
Quartz	0.6

Tableau IV.4: Susceptibilités quadratiques absolues des films de nanoparticules.

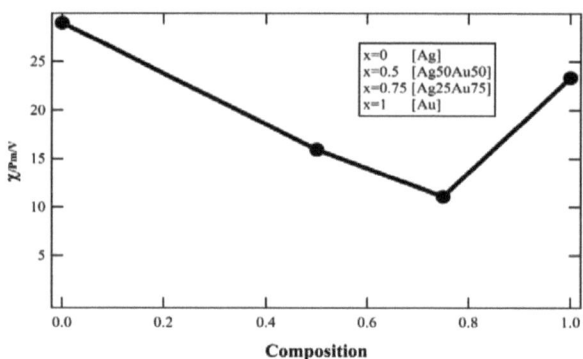

Figure IV.24: Variation de la valeur absolue de la susceptibilité non linéaire d'ordre 2 des différents films en fonction de la composition des alliages $Ag_{1-x}Au_x$.

Pour les nanoparticules d'Ag de diamètre moyen de 4.5 nm environ, le maximum de la résonance de plasmon de surface (SPR) est situé à une énergie de 2.85 eV correspondant à une longueur d'onde de 434 nm [35]. Pour les particules bimétalliques $Ag_{50}Au_{50}$ et $Ag_{25}Au_{75}$ et d'or dont les diamètres respectifs sont 2.1 nm, 2.3 nm et 4 nm, les maxima des résonances de plasmon sont situés à 2.75 eV, 2.5 eV et 2.3 eV, ce qui correspond aux longueurs d'onde de 450 nm, 495 nm et 537 nm. Avec la longueur d'onde du signal harmonique à 391 nm, l'effet d'exaltation sera plus important pour les nanoparticules d'Ag. Par contre, nous observons une nette augmentation de la magnitude de la susceptibilité quadratique pour l'or. Cette remontée ne pouvant être attribuée à l'exaltation de la réponse SHG par la résonance SP, une approche microscopique doit être réalisée pour tenir compte des paramètres physiques des films ainsi que de la composition des particules incluses dans les films.

IV.4 Approche de Maxwell-Garnett

Le but de cette approche est de vérifier la normalité des valeurs des indices effectifs du film métallique obtenues par le modèle des franges de Maker. L'approche de la théorie de Maxwell-Garnett (TMG) [36] pour déterminer l'expression de la fonction diélectrique effective est basée sur le calcul du champ électrique effectif, ou champ moyen, régnant dans le matériau global. Pour la cellule unité, ce champ est la moyenne volumique du champ local dans l'inclusion métallique, $\vec{E}_i$ avec i=inclusion et du champ régnant dans la matrice diélectrique, $\vec{E}_m$ avec m=matrice:

$$\vec{E}_{eff} = q\vec{E}_i + (1-q)\vec{E}_m \tag{IV.39}$$

et l'on calcule ensuite la relation entre le champ local et le champ appliqué, q représentant la fraction volumique occupée par les inclusions. En introduisant de la même manière le vecteur déplacement électrique effectif $\vec{D}_{eff}$:

$$\begin{aligned}\vec{D}_{eff} &= \varepsilon_{eff}\vec{E}_{eff} = q\vec{D}_i + (1-q)\vec{D}_m \\ &= q\varepsilon_i\vec{E}_i + (1-q)\varepsilon_m\vec{E}_m \ ,\end{aligned} \tag{IV.40}$$

où ε_i désigne la fonction diélectrique des inclusions et ε_m celle de la matrice. On obtient l'expression de Maxwell-Garnett bien connue pour ε_{eff} :

$$\frac{\varepsilon_{eff} - \varepsilon_m}{\varepsilon_{eff} + 2\varepsilon_m} = q \frac{\varepsilon_i - \varepsilon_m}{\varepsilon_i + 2\varepsilon_m} . \tag{IV.41}$$

Ce modèle suppose des particules de très faibles dimensions (approximation quasi-statique ou dipolaire électrique), et séparées les unes des autres par une grande distance (pas d'interaction entre particules). A partir de ces hypothèses initiales, S. Berthier [37] a estimé le domaine d'applicabilité de la formule de Maxwell-Garnett en ce qui concerne la concentration volumique en métal : $q < 10$ %. Dans la littérature, elle est parfois utilisée, à tort, pour des valeurs de q largement supérieures à cette limite. En ce qui concerne le diamètre maximum des inclusions, il est imposé par l'approximation quasi-statique: $D < 40$ nm environ. Dans notre cas, la concentration et la taille des particules respectent ces conditions, voir le Tableau (IV.1). En ce qui concerne la distance entre particules, il est possible que dans de rares cas elle soit trop petite pour que l'on puisse négliger totalement l'interaction dipolaire entre particules. Cependant, nous n'avons pas jugé nécessaire de développer un modèle classique plus réaliste que celui donné par la formule (IV.41), les conditions d'applicabilité de la TMG étant assurées pour la majorité de nos échantillons.

	$f\%$	ε^i_{800nm}	ε^i_{400nm}	ε^{MG}_{800nm}	ε^{MG}_{400nm}	n^{MG}_{800nm}	n^{MG}_{400nm}
Ag	3.5	-30.86+1.51i	-4.75+0.19i	2.76- 0.0054i	4.07-0.13i	1.66	2.01
$Ag_{50}Au_{50}$	4.3	-26.77+1.47i	-0.85+3.12i	2.67-0.0096i	3.16-0.1962i	1.63	1.78
$Ag_{25}Au_{75}$	3.04	-24.69+1.45i	-1.52 + 5.07i	2.78-0.0080i	3.06-0.18i	1.67	1.75
Au	10.09	-22.56+1.51i	-1.94+5.73i	1.93-0.045i	3.00-0.67i	1.39	1.73

Tableau IV.5 : Valeurs théoriques des fonctions diélectriques ε^{MG}_{400nm} et ε^{MG}_{800nm}, indices effectifs n^{MG}_{800nm} et n^{MG}_{400nm}, des films de nanoparticules métalliques respectivement à la longueur d'onde fondamentale 800 nm et harmonique 400nm. ε^i_{800nm} et ε^i_{400nm} les fonction diélectriques des inclusions métalliques respectivement à la longueur d'onde fondamentale 800 nm et harmonique 400nm. f est la fraction volumique en nanoparticules des films.

Les indices effectifs de films métalliques, aux longueurs d'onde fondamentale 800 nm et harmonique 400 nm, sont obtenus à l'aide de la formule (IV.41), en utilisant les fonctions diélectriques de l'alumine $\varepsilon_{800\,nm}^{m} = 2.6$ et $\varepsilon_{400\,nm}^{m} = 3.01$ aux longueurs d'onde fondamentale de 800 nm et harmonique de 400 nm [38]. On note finalement que $n = \sqrt{\varepsilon_1}$, l'indice effectif du film est la partie réelle de la fonction diélectrique du milieu $\varepsilon = \varepsilon_1 - i\varepsilon_2$. En calculant la différence entre les valeurs des indices du film présentées dans le tableau IV.5 avec celles du tableau IV.3 obtenues par le modèle de franges de Maker, nous remarquons des valeurs proches ainsi que d'autres plus éloignées, voir le tableau (IV.6). Cette observation indique donc un désaccord certains entre les deux approches. Il est possible que les ajustements des franges de Maker conduisent à une incertitude relativement importante sur les indices optiques.

	$\Delta n_{800\,nm}$	$\Delta n_{400\,nm}$
Ag	0.4	0.28
$Ag_{50}Au_{50}$	0.13	0.09
$Ag_{25}Au_{75}$	0.17	0.26
Au	0.42	0.1

Tableau IV.6 : $\Delta n_{800\,nm} = n_{800}^{MG} - n_{800}^{MK}$ et $\Delta n_{400\,nm} = n_{400}^{MG} - n_{400}^{MK}$ sont respectivement la différence entre les valeurs des indices effectifs des films calculés par le modèle de Frange de Maker et celui de Maxwell- Garnett.

IV.5   Approche   microscopique: hyperpolarisabilités quadratiques absolues

Nous développons maintenant un modèle microscopique basé sur l'approximation dipolaire électrique, c'est-à-dire que nous considérons que chaque nanoparticule incluse dans le film est équivalente à un dipôle excité par l'onde fondamentale et source d'une onde à la fréquence harmonique.

En tenant compte de la géométrie du système expérimental, Figure (IV.25), le champ électromagnétique incident de polarisation linéaire définie par $\hat{\varepsilon}^{(\omega)} = \hat{x}$ et se propageant avec le vecteur d'onde $\vec{k}^\omega$ selon l'axe Oz à la position $\vec{r}_i$, s'écrit sous la forme d'une onde plane monochromatique de fréquence fondamentale ω:

$$\vec{E}\left(\vec{r}_i, \omega\right) = E_0\,\hat{\varepsilon}^{(\omega)}e^{i\left(\vec{k}^\omega\vec{r}_i - \omega t\right)} \tag{IV.42}$$

où E_0 est l'amplitude constante du champ électrique, l'indice i représentant la $i^{ème}$ particule. Nous rappelons que les expériences sont réalisées à un angle de diffusion fixé égal à 0°, c'est-à-dire selon la direction *OZ*. Ce champ électrique incident $\vec{E}(\vec{r}_i, \omega)$ induit dans chaque particule un dipôle non linéaire $\vec{p}(2\omega, \vec{r}_i)$ oscillant à la fréquence harmonique 2ω et orienté dans toutes les directions, voir Figure (IV.25).

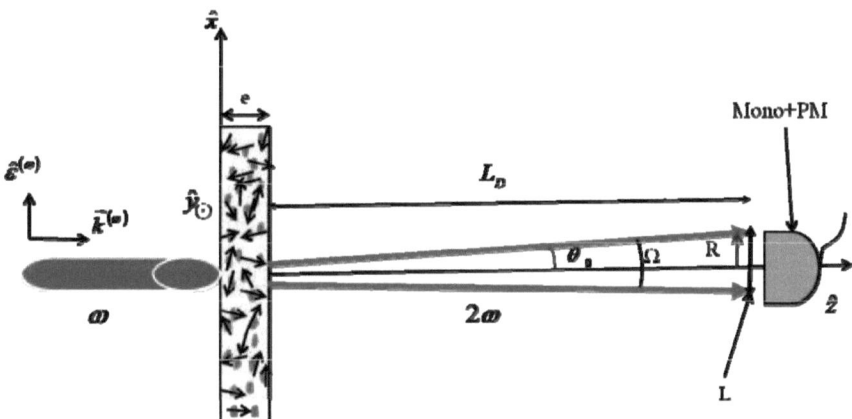

Figure IV.25 : Représentation schématique du modèle microscopique permettant de calculer la valeur absolue moyenne de l'hyperpolarisabilité de chaque nanoparticule contenue dans le film d'épaisseur *e*. Les petites flèches dispersées aléatoirement représentent les dipôles électriques $\vec{p}(\vec{r}', 2\omega)$ oscillant à la fréquence harmonique 2ω. L_D est la distance entre l'échantillon et la lentille L ayant une distance focale de f = 25 mm et un rayon R = 12.5 mm. Ω est l'angle solide déterminé par la lentille L sous lequel on collecte le signal harmonique. Mono+PM représente l'ensemble monochromateur+photomultiplicateur et θ_0 est l'angle défini par l'axe $\hat{z}$ et la droite s'appuyant sur la lentille L.

115

Ce dipôle est tel que:

$$\vec{p}(2\omega,\vec{r}_i) = \vec{\beta}_i : \vec{E}(\vec{r}_i,\omega)\vec{E}(\vec{r}_i,\omega) \tag{IV.43}$$

où $\vec{\beta}_i$ est le tenseur d'hyperpolarisabilité quadratique pour la $i^{ème}$ particule. En reportant (IV.42) dans (IV.43), ce dipôle s'exprime selon l'équation suivante :

$$\vec{p}(2\omega,\vec{r}_i) = E_0^2 \vec{\beta}_i : \hat{\varepsilon}^{(\omega)}\hat{\varepsilon}^{(\omega)}e^{2i(\vec{k}^{(\omega)}\vec{r}_i - \omega t)} \tag{IV.44}$$

Le champ électromagnétique émis à la fréquence de deuxième harmonique est simplement le champ émis par le dipôle $\vec{p}(2\omega,\vec{r}_i)$, champ dont l'expression est bien connue [39]. Compte tenu de la direction d'observation $\hat{R}_i = \vec{R}_i / |\vec{R}_i|$, le champ à la fréquence 2ω généré par une particule dans l'espace est donné par:

$$\vec{E}(\vec{r}_i,\vec{R}_i,2\omega) = \frac{1}{4\pi\varepsilon_0}\left(\frac{2\omega n_f^{(2\omega)}}{c}\right)^2 \left(\left[\left(\hat{R}_i \times \vec{p}(2\omega,\vec{r}_i)\right)\right]\times \hat{R}_i\right)\frac{e^{iK^{2\omega}|\vec{R}_i - \vec{r}_i|}}{|\vec{R}_i - \vec{r}_i|} \tag{V.45}$$

où $K^{2\omega}$ représente le module du vecteur d'onde harmonique, ε_0 est la permittivité électrique du vide, $n_f^{(2\omega)}$ l'indice optique à la fréquence du second harmonique du film contenant les nanoparticules métalliques, c la vitesse de la lumière dans le vide et ω la fréquence fondamentale de la lumière incidente.

Cette relation (V.45) est vraie dans l'hypothèse où il n'y a pas d'interactions entre les dipôles et pas de diffusion multiple à ω et 2ω. De plus, en champ lointain, on a:

$$\hat{R}_i \cong \hat{n}_d, \frac{1}{|\vec{R}_i - \vec{r}_i|} \cong \frac{1}{|\vec{R}_d|} = \frac{1}{L}$$

Cette approximation signifie que tout photon incident sur la lentille est finalement collecté par le détecteur. Les effets de retard sur les champs électromagnétiques sont négligés pour les ondes fondamentale ω et harmonique 2ω:

$$e^{iK^{2\omega}\left|\vec{R}_i - \vec{r}_i\right|} \cong e^{-iK^{2\omega}\left|\vec{R}_d\right|}.e^{-iK^{2\omega}\hat{n}_d.\vec{r}_i} = e^{-iK^{2\omega}L}.e^{-iK^{2\omega}\hat{n}_d.\vec{r}_i}$$

A partir des différentes hypothèses et des relations (IV.44) et (IV.45), l'expression générale du champ électromagnétique de l'onde harmonique est ainsi donnée par l'équation (IV.46) :

$$\vec{E}\left(\vec{r}_i, \hat{n}_d, 2\omega\right) = \frac{1}{4\pi\varepsilon_0}\left(\frac{2\omega n_f^{(2\omega)}}{c}\right)^2 (E_0)^2 \frac{e^{-iK^{2\omega}|L|}}{L}$$
$$.\left[\left(\hat{n}_d \times \left(\vec{\beta}_i : \hat{\varepsilon}^{(\omega)}\hat{\varepsilon}^{(\omega)}\right)\right)\right] \times \hat{n}_d\right]e^{i2\vec{k}^{\omega}\vec{r}_i}.e^{-iK^{2\omega}\hat{n}_d\vec{r}_i} \tag{IV.46}$$

$\hat{n}_d$ représente la direction pour laquelle nous collectons le signal harmonique 2ω généré par les particules métalliques, L_D la distance entre le film et la lentille L placée juste avant le monochromateur. Le facteur $e^{-2i\omega t}$ est omis par simplicité.

Les composantes du dipôle non linéaire pour la $i^{\text{ème}}$ particule sont définies par :

$$p_{i\alpha} = \sum_{jl} \beta_{i\alpha jl}\varepsilon_j\varepsilon_l \tag{IV.47}$$

avec $\hat{\varepsilon} = \hat{x} = (1, 0, 0)$ pour $\alpha = (X, Y, Z)$ et $(j, l) = (x, y, z)$. L'expression vectorielle de la polarisation non linéaire (IV.47) se réduit donc à :

$$\vec{p}_i = \beta_{iXxx}\vec{e}_X + \beta_{iYxx}\vec{e}_Y + \beta_{iZxx}\vec{e}_Z \tag{IV.48}$$

En reportant (V.48) dans (V.46), l'expression de l'amplitude du champ électrique se met sous la forme :

$$\vec{E}\left(\vec{r}_i, \hat{n}_d, 2\omega\right) = \frac{1}{4\pi\varepsilon_0}\left(\frac{2\omega n_f^{(2\omega)}}{c}\right)^2 E_0^2 \frac{e^{-iK^{2\omega}|L|}}{L}\left[\vec{p}_i'\right]e^{i2\vec{k}^{\omega}.\vec{r}_i}.e^{-iK^{2\omega}.\hat{n}_d.\vec{r}_i} \tag{V.49}$$

117

Les N particules contenues dans la matrice d'alumine Al_2O_3 équivalent à N sources incohérentes. Nous rappelons aussi que nous collectons le signal des N dipôles oscillant à la fréquence harmonique à travers un angle solide Ω, voir figure (IV.25). Ainsi, l'expression du champ électrique total oscillant à la fréquence harmonique généré par ces N particules excitées par le laser, voir le Tableau (IV.7), est donnée par l'équation (IV.50):

$$\vec{E}_T\left(\vec{n}_d,2\omega\right) = \sum_{i=1}^{N} \vec{E}\left(\vec{r}_i,\hat{n}_d,2\omega\right) \tag{IV.50}$$

A partir de l'équation (IV.50), nous obtenons donc l'intensité du signal de SHG dans un élément à l'angle solide $d\Omega$:

$$\frac{dI_{SHG}^{2\omega}}{d\Omega} = \frac{\varepsilon_0 c}{n_{air}^{2\omega}} \vec{E}_T\left(\vec{n}_d,2\omega\right)\left(\vec{E}_T\left(\vec{n}_d,2\omega\right)\right)^* \tag{IV.51}$$

avec $\hat{n}_d = \cos(\varphi)\sin(\theta)\hat{x} + \sin(\varphi)\sin(\theta)\hat{y} + \cos(\theta)\hat{z}$ pour un système des coordonnées sphériques, $n_{air}^{2\omega}$ est l'indice optique à la fréquence du second harmonique de l'air.

	$f\%$	d/nm	Φ/nm	N_s/nm^{-2}	S/mm^2	$N \times 10^{11}$
Ag pur	3.5	750	4	0.78	0.78	6.1
Ag$_{50}$Au$_{50}$	4.3	355	2.15	2.91	0.78	23
Ag$_{25}$Au$_{75}$	3.04	445	2.34	1.99	0.78	15.6
Au pur	10.09	210	3.6	0.86	0.78	6.7

Tableau IV.7 : f est la fraction volumique, d l'épaisseur du film, Φ le diamètre de la particule, N_S le nombre de nanoparticules normalisé par la section du laser, S la section du laser et N le nombre de nanoparticules irradiées par le laser.

En utilisant la relation (IV.50), la relation (IV.51) s'écrit sous la forme:

$$\frac{dI_{SHG}^{2\omega}(\theta,\varphi)}{d\Omega} = \frac{\varepsilon_0 c}{n_{air}^{2\omega}} \left[\frac{1}{4\pi\varepsilon_0}\left(\frac{2\omega n_f^{(2\omega)}}{c}\right)^2 \frac{(E_0)^2}{L}\right]^2 \sum_{i=1}^{N} \left|\left(\hat{n}_d \times \vec{p}_i\right)\times \hat{n}_d\right|^2 \tag{V.52}$$

En intégrant (IV.52) sur l'angle solide Ω, l'expression de l'intensité de signal harmonique collecté dans cet angle solide est donc définie par:

$$I_{SHG}^{2\omega} = \int_{\Omega} \frac{dI_{SHG}^{2\omega}(\theta,\varphi)}{d\Omega} d\Omega \qquad (IV.53)$$

avec $d\Omega = \sin(\theta)d\theta d\varphi$ et en posant

$$G = \frac{\varepsilon_0 c}{n_{air}^{2\omega}} \left[\frac{1}{4\pi\varepsilon_0} \left(\frac{2\omega n_f^{(2\omega)}}{c} \right)^2 \frac{(E_0)^2}{L} \right]^2$$

l'équation (IV.53) devient:

$$I_{SHG}^{2\omega} = G \sum_{i=1}^{N} \left[\int_0^{2\pi} \int_0^{\theta_0} \left| (\hat{n}_d \times \vec{p}_i) \times \hat{n}_d \right|^2 \sin(\theta)d\theta d\varphi \right] \qquad (IV.54)$$

Dans notre configuration expérimentale, $tg\theta_0 \cong D/2L = 0.0065\,\mathrm{rad} = \theta_0$, voir la Figure (IV.25), où $D = 25$ mm est le diamètre de la lentille L placée juste avant le monochromateur. Cette dernière possède une distance focale de 25 mm. Dans ce cas, l'intégration analytique donne :

$$\int_0^{2\pi} \int_0^{\theta_0} \left| (\hat{n}_d \times \vec{p}_i) \times \hat{n}_d \right|^2 \sin(\theta)d\theta d\varphi = \underbrace{0.000135\beta_{iXxx}^2 + 0.000135\beta_{iYxx}^2}_{\alpha} + \underbrace{1.25\times10^{-8}\,\beta_{iZxx}^2}_{\delta} \qquad (IV.55)$$

Enfin, puisque le terme δ est négligeable devant α et posant C = 0.000135, l'expression (IV.54) se réduit donc à:

$$I_{SHG}^{2\omega} = GC \sum_{i=1}^{N} \left[\beta_{iXxx}^2 + \beta_{iYxx}^2 \right] \qquad (IV.56)$$

119

Pour N objets sans interaction, ce qui est le cas d'un film de particules métalliques très diluées, nous réalisons ensuite une moyenne sur toutes les orientations possibles prises par les particules à un instant t. L'intensité de diffusion hyper Rayleigh résulte donc de la somme incohérente des champs de second harmonique émis par chaque particule. On exprime donc l'intensité HRS par la relation (IV.57) où $\langle\ \rangle$ symbolise la moyenne faite sur les orientations équiprobables prises par une particule. Dans ce cas, l'expression (IV.56) se met sous la forme:

$$I_{HRS}^{2\omega} = GCN\langle\beta_i^2\rangle \tag{IV.57}$$

où $\langle\beta_i^2\rangle = \langle\beta_{iXxx}^2 + \beta_{iYxx}^2\rangle$ est une quantité moyennée sur toutes les orientations pour les conditions de polarisation du faisceau d'incidence, à savoir une polarisation linéaire selon l'axe OX ($\gamma =0$) et pas de sélection sur la polarisation de l'onde à la fréquence de second harmonique. Ainsi, la relation entre le champ électrique et l'intensité à la fréquence fondamentale étant donnée par:

$$I^\omega = \frac{1}{2}\sqrt{\frac{\varepsilon_0}{\mu_0}}\sqrt{\varepsilon_{air}^{2\omega}}\left|E^\omega\right|^2 \tag{IV.58}$$

avec μ_0 la perméabilité magnétique du vide, l'expression (IV.57) s'écrit:

$$I_{HRS}^{2\omega} = \frac{4\mu_0\left(n_{Al}^{(2\omega)}\right)^4\omega^4}{\left(\varepsilon_0\right)^2\pi^2\left(n_{air}^{2\omega}\right)^3 c^3 L^2}CN\langle\beta_i^2\rangle\left(I^\omega\right)^2 \tag{IV.59}$$

Afin d'obtenir la relation entre le module de l'hyperpolarisabilité quadratique de la particule $\langle\beta_i^2\rangle$ et la valeur absolue de la susceptibilité du film métalliques $\left|\chi_f^{(2)}\right|$ comme l'indique le Tableau (IV.4), tout en respectant nos conditions expérimentales, la relation (IV.59) est divisée par l'expression (IV.35), que nous rappelons:

$$I_{SHG}^{2\omega} = \frac{\omega^2}{8\varepsilon_0 c^3}\frac{\left(n_{air}^{(2\omega)}\right)}{\left(n_{air}^{(\omega)}\right)^2\left(n_f^{(2\omega)}\right)^2}\left|\chi_f\right|^2 d_f^2\left(\frac{\sin\Delta kd_f/2}{\Delta kd_f/2}\right)^2\left(I^\omega\right)^2 \tag{IV.60}$$

Les intensités (IV.59) et (IV.60) sont mesurées dans la même configuration pour laquelle l'angle d'incidence est $\theta_{air}^{(\omega)} = 0°$. Dans ce cas, le rapport de (IV.59) sur (IV.60) donne le module de l'hyperpolarisabilité quadratique de la particule moyennée sur toutes les orientations:

$$\sqrt{\langle\beta_i^2\rangle} = \sqrt{\frac{\varepsilon_0}{\mu_0}} \frac{\pi L \left(n_{air}^{(2\omega)}\right)^2}{\left(4\sqrt{2}\right)\omega n_{air}^{(\omega)}} \left(\frac{\sin \Delta k d_f / 2}{\Delta k d_f / 2}\right) \frac{d_f}{\left(n_{Al}^{(2\omega)}\right)^2 \left(n_f^{(2\omega)}\right)} \frac{\left|\chi_f^{(2)}\right|}{\sqrt{CN}} \qquad (IV.61)$$

où $n_{air}^{(\omega)}$ est l'indice optique à la fréquence fondamentale de l'air, $n_{Al}^{(2\omega)}$ est l'indice optique à la fréquence harmonique de l'alumine, $n_f^{(2\omega)}$ est l'indice optique du film à la fréquence harmonique mesurée selon l'approche de Maxwell-Garnett, $(\frac{\sin \Delta k d_f / 2}{\Delta k d_f / 2})$ est le sinus cardinal, voir le paragraphe (IV.3.5), et d_f est l'épaisseur du film métallique. A partir de (IV.61), nous pouvons déterminer la valeur absolue de l'hyperpolarisabilté quadratique pour les nanoparticules métalliques comme l'indique le tableau (IV.8). Les unités employées sont celles du système MKS. Le module de l'hyperpolarisabilité quadratique $\sqrt{\langle\beta_i^2\rangle}$ est exprimé en $J^{-2} C^3 m^3$, la susceptibilité non linéaire d'ordre 2 $\left|\chi_f^{(2)}\right|$ en $J^{-1}Cm$, la fréquence ω en s^{-1}, l'épaisseur du film d_f en m et la distance entre le film et la lentille L en m et $\sqrt{\varepsilon_0 / \mu_0}$ en J^{-1} $C^2 s^{-1}$. En utilisant les unités de ces différentes grandeurs physiques dans le membre de droite de l'équation (IV.61), nous aboutissons bien à l'unité exacte de $\sqrt{\langle\beta_i^2\rangle}$, à savoir $J^{-2} C^3 m^3$.

	Φ/nm	$\sqrt{\langle\beta_i^2\rangle} \times 10^{48} / J^{-2}C^3m^3$	$\sqrt{\langle\beta_i^2\rangle} \times 10^{27} / esu$	$\sqrt{\langle\beta_i^2\rangle}_C \times 10^{22}$
Ag	4	12937	3480	69.6
Au$_{50}$Ag$_{50}$	2.15	2470	665	33.5
Au$_{75}$Ag$_{25}$	2.34	2617	700	28.4
Au	3.6	3063	820	20.2

Tableau IV.8 : Valeurs de l'hyperpolarisabilité quadratique absolue pour les particules métalliques (Ag, Au$_{50}$Ag$_{50}$, Au$_{75}$Ag$_{25}$, Au) à une longueur d'onde harmonique de 391 nm. Φ est le diamètre d'une particule. $1 J^{-2}C^3m^3 = 2.694 \times 10^{20} esu$. $\sqrt{\langle\beta_i^2\rangle}_C$ est l'hyperpolarisabilité corrigée de l'effet de taille.

Nous avons corrigé les valeurs du $\sqrt{\langle \beta_i^2 \rangle}$ de l'effet de taille. Le Tableau (IV.8) montre que la quantité $\sqrt{\langle \beta_i^2 \rangle}_C$ décroît avec la diminution de la composition en argent des nanoparticules. D'autre part, la Figure (IV.2) montre que les spectres d'absorption de nanoparticules métalliques ont un maximum d'absorption situé à une longueur d'onde se déplaçant vers le rouge avec la diminution de la composition de l'Ag. La longueur d'onde correspondant à la résonance de plasmon de surface s'éloigne donc de la longueur d'onde harmonique de 391 nm avec la diminution de la composition en argent, voir les Figures (IV.8), (IV.9), (IV.10), (IV.11). La résonance de plasmon de surface intervient donc manifestement dans la réponse non linéaire des nanoparticules à travers son exaltation. Ce lien entre la dépendance de la résonance de plasmon de surface et la non linéarité a déjà été observé par notre équipe dans le passé [33]. Ces valeurs de l'hyperpolarisabilité quadratique absolue sont obtenues dans ce travail pour des particules métalliques dispersées dans une matrice d'alumine. Or notre équipe a mesuré par ailleurs ce module de l'hyperpolarisabilté quadratique absolue pour le même type de particule mais en suspension liquide bien que pour de plus grandes tailles.

	Φ_{Al}/nm	$\sqrt{\langle \beta_i^2 \rangle}^C_{Al} \times 10^{20}$	Φ_{S}/nm	$\sqrt{\langle \beta_i^2 \rangle}^C_{S} \times 10^{22}$
Ag	4	904	17	200
Au$_{50}$Ag$_{50}$	2.15	906	47	455
Au$_{75}$Ag$_{25}$	2.34	604	35	330
Au	3.6	397	16	400

Tableau IV.9 :   Diamètre Φ et module de l'hyperpolarisabilité quadratique $\sqrt{\langle \beta_i^2 \rangle}^C$ corrigée de l'effet de taille et de champ local à 391 nm pour des particules bimétalliques dispersées dans une matrice d'alumine (indice Al) et à 395 nm en suspension liquide aqueuse (indice S).

Nous avons aussi corrigé les valeurs de l'hyperpolarisabilté des nanoparticules en suspension et celles dans la matrice d'alumine des effets de taille et des champs locaux. En comparant les valeurs du module de l'hyperpolarisabilité $\sqrt{\langle \beta_i^2 \rangle}^C_{Al}$ avec $\sqrt{\langle \beta_i^2 \rangle}^C_{S}$, voir le Tableau IV.9, nous remarquons que les valeurs sont plus grandes en matrice d'alumine qu'en suspension aqueuse d'un facteur de l'ordre de $\sqrt{\langle \beta_i^2 \rangle}_{Al} / \sqrt{\langle \beta_i^2 \rangle}_{S} = 10^2$. Elles sont inverses à celles trouvées pour les particules en suspension. Ces résultats très surprenants nécessitent clairement de nouvelles mesures pour vérification. Ils posent de plus les questions de l'adéquation du modèle proposé basé sur une réponse totalement incohérente des particules du film et, aussi sur la méthode de synthèse des particules.

IV.6 Conclusion

Au cours de ce chapitre, nous avons effectué pour la première fois des expériences de franges de Maker pour des films contenant de nanoparticules métalliques. Ces expériences ont clairement mis en évidence une réponse SHG dans ces films constitués par une distribution aléatoire de nanoparticules dans une matrice transparente et sans réponse non linéaire SHG propre. Nous avons pu déterminer les valeurs absolues des magnitudes des tenseurs de susceptibilité non linéaire d'ordre 2 de ces films $\left|\ddot{\chi}_f^{(2)}\right|$ pour différentes compositions des particules: Ag, $Ag_{50}Au_{50}$, $Ag_{25}Au_{75}$ et Au. Ces résultats ont été obtenus en utilisant le quartz comme milieu non linéaire de référence.

Ces résultats mettent en évidence une réponse dominée globalement par une exaltation due à la résonance de plasmon de surface, en particulier pour les particules d'argent. L'approche microscopique a permis d'appréhender le lien entre l'effet de composition et la réponse non linéaire mais conduit cependant à une différence d'hyperpolarisabilité très importante et peu réaliste. De nouvelles mesures doivent être à nouveau entreprises pour vérifier ces résultats et permettre de poursuivre avec le modèle incohérent proposé ou bien de le réviser.

Références:

[1] P. A. Franken, A. E. Hill, C. W. Peters, G. Weinreich, *Phys. Rev. Lett*, **7,** 118 (1961).

[2] P.S. Pershan, N. Bloembergen, *Phys. Rev*, **128**, 606 (1962)

[3] T.F. Heinz in Eds. H.-E. Ponath and G.I. Stegeman, *Nonlinear surface electromagnetic phenomena,* North Holland, Amsterdam, (1991) Volume 29.

[4] J. E. Sipe, V. C. Y. So, M. Fukui, G. I. Stegeman, *Phys. Rev. B*, **21,** 4389 (1980).

[5] Y. R. Shen, *Ann. Rev. Mater. Sci*, **16,** 69 (1986).

[6] Y.R. Shen, oxydo reduction de Ag, (1981).

[7] U. Kerbing, Vollmer, *Optical Properties of Small particles*; Wiley, New York, (1995).

[8] A. Andersson, O. Hunderi, C. G. Granqvist, *J. Appl. Phys*, **51**, 754 (1980).

[9] G. A. Niklasson, *Solar. Energy Mater*, **17**, 217 (1988).

[10] T. S. Sathiaraj, R. Thangaraj, H. Al-Sharbaty, O. P. Agnihotri, *Thin Solid Films*, **33**, 195 (1991).

[11] J. E. Beesley, *Proc. R. Microsc. Soc*, **20**, 187 (1985).

[12] J. J. Storhoff, C. A. Mirkin, R. L. Letsinger, *J. Am. Chem. Soc*, **120**, 1959 (1998).

[13] R. C. Mucic, J. J. Storhoff, *Nature*, **382**, 607 (1996).

[14] A. Fleischmann, M. Hendra, P. J. Mcquillan, *Chem. Phys. Lett*, **26**, 163 (1974).

[15] A. J. Mcquillan, P. J. Hendra, Fleischmann, M. Fleischmann, *J. Electronal. Chem*, **65**, 933, (1975).

[16] R. K. Chang, T. E. Furtak, *Surface Enhanced Raman Scattering*, Plenum Press, New York, (1982).

[17] M. R. Moskovits, *Mod. Phys*, **57**, 783 (1985).

[18] Selected Papers on *Surface-Enhanced Raman Scattering*, Ed. M. Kerker, SPIE Optical Engineering Press, Bellingham, WA, (1990).

[19] E. Zeman, G. C. Schatz, *J. Phys. Chem*, **91**, 634 (1987).

[20] D. J. Bergman, A. Nitzan, *Chem. Phys. Lett*, **88**, 409 (1982).

[21] R. G. Freeman, K. C. Grabar, K. J. Allison, R. M. Bright, J. A. Davis, A. P. Githrie, M. B. Hommer, M. A. Jackson, P. C. Smith, D. G. Walter, M. J. Natan, *Science*, **267**, 1629 (1995).

[22] G. Chumanov, K. Sokolov, B. W. Gregory, T. M. Cotton, *J. Phys. Chem*, **99**, 9466 (1995).

[23] J. W. Dadge, M. Islam, A. K. Dharmadhikari, S. R. Mahamuni, R. C. Aiyer, *J. Phys. Condens. Matter*, **18**, 5405 (2006).

[24] V. Bonačić-Koutecky', J. Burda, R. Mitric', M. Ge, *J. Chem. Phys*, **117**, 3120 (2002).

[25] J. Nappa, G. Revillod, G. Martin, I. Russier-Antoine, E. Benichou, Ch. Jonin, P.F. Brevet, *Second Harmonic Generation from Gold and Silver Nanoparticles in Liquid Solutions* in *Non-Linear Optical Properties of Matter, From Molecules to Condensed Phases*, Eds. M.G. Papadopoulos, A.J. Sadlej, J. Leszczynsky, Volume 1, Springer,Dordrecht, 2006.

[26] J. Nappa, G. Revillod, I. Russier-Antoine, E. Benichou, Ch. Jonin, P.F. Brevet, *Phys. Rev. B*, **71**, 165407 (2005).

[27] B. Palpant, B. Prével, J. Lermé, E. Conttancin, M. Pellarin, M. Treilleux, A. Perez, J. L. Vialle and M. Broyer, *Phys. Rev. B*, **57**, 1963 (1998).

[28] J. Lermé, M. Gaudry, M. Pellarin, J.-L. Vialle and M. Broyer, *Phys. Rev. B*, **62**, 5179 (2000).

[29] G. Celep, *Propriétés optiques et processus dynamiques dans les nanoparticules métalliques*, Thèse de doctorat de l'Université Claude Bernard Lyon 1 (2006).

[30] P. D. Maker, R. W. Terhune, M. Nisenoff, C. M. Savage, *Phys. Rev. Lett*, **8,** 21 (1962).

[31] Handbook of Chemistry and Physics, CRC Press, Cleveland, (1966).

[32] I. Russier-Antoine, Ch. Jonin, J. Nappa, E. Benichou, P. F. Brevet, *J. Chem. Phys*, **120,** 10748 (2004).

[33] I. Russier-Antoine, G. Bachelier, V. Sablonière, J. Duboisset, E. Benichou, C. Jonin, F. Bertorelle, and P. F. Brevet, *Phys. Rev. B*, **78**, 035436 (2008).

[34] U. Caruso, M. Casalboni, A. Fort, M. Fusco, B. Panunzi, A. Quatela, A. Roviello and F. Sarcinelli, *Opt. Mat.*, **27,** 1800 (2005).

[35] M. Gaudry, J. Lermé, E. Cottancin, M. Pellarin, J. L. Vialle, M. Broyer, B. Prével, M. Treilleux, P. Mélinon, *Phys. Rev. B*, **64,** 085407 (2001).

[36] J. C. Maxwell-Garnett, *Philos. Trans. R. Soc. London*, **203** (1904) 385; *ibid.* **205** (1906) 237.

[37] S. Berthier, *Optique des milieux composites*, Polytechnica (1993).

[38] E. D. Palik, *Handbook of Optical Constants of Solids*, Vols. I and II ~Academic Press, New York, 1985/1991.

[39] J. D. Jackson, *Classical Electrodynamics*, Wiley, New york, 1925.

Chapitre V : SHG d'un réseau de nanocylindres d'or

V.1 Introduction

Les nanostructures métalliques présentent un grand intérêt dans le domaine des nanotechnologies et plus particulièrement dans le développement de nouveaux systèmes optoélectroniques comme les capteurs ou les polariseurs de lumière. Dans le cadre du développement d'architectures avancées, deux approches différentes ont été adoptées. En premier lieu, l'élaboration d'une assemblée constituée par la réplication d'un motif initial a été développée, en utilisant des particules métalliques simples définies comme unité de base. Même si cette voie permet d'élaborer des structures compliquées à partir de différentes formes, tailles, morphologies ou même matériaux organiques et/ou inorganiques, ce n'est pas la manière la plus adaptée pour fabriquer de grands ensembles dont le but est de paralléliser la réponse des particules. En effet, l'assemblage dirigé des briques élémentaires n'est usuellement pas simple. Par conséquent, une seconde voie a été poursuivie en utilisant des techniques issues de la micro-technologie. En particulier, la lithographie permet le développement de grandes structures avec une précision nanométrique sur les tailles des objets ainsi que sur les distances inter-particules. Il est intéressant aujourd'hui de développer simultanément des techniques de caractérisation pour les deux voies de fabrication.

Pour caractériser de tels réseaux de particules métalliques, des mesures de propriétés optiques linéaires et non linéaires peuvent être réalisées [1, 2]. Les propriétés optiques des particules métalliques à base d'or ou d'argent sont en effet particulièrement sensibles à la polarisation et la longueur d'onde de la lumière incidente. Ces propriétés ont été caractérisées dans une multitude d'expériences récentes [3-7], dans le cas d'ensembles de particules mais aussi pour des particules uniques isolées. Tous les paramètres structuraux des particules, comme leurs tailles, formes, espacements, orientations ou encore compositions, sont contrôlés au mieux durant le processus de fabrication par la technique de la lithographie électronique (EBL). Cependant, les différentes étapes conduisent parfois à l'apparition de petits défauts au niveau des particules individuelles telles que des irrégularités de forme. Il est bien souvent difficile d'observer ces défauts par la microscopie électronique à balayage (SEM) [8-10]. Le développement des techniques sensibles à ces défauts est donc fortement souhaitable. La spectroscopie d'extinction UV-visible est une première méthode de choix en raison de sa simplicité [11-14]. Les défauts de certaines formes très symétriques des particules peuvent en effet être déterminés par des mesures effectuées pour deux polarisations croisées en excitation. Il est ainsi possible d'observer par exemple la déformation de sphères vers des ellipsoïdes. Pour des particules d'or ou d'argent, cette possibilité nécessite habituellement une analyse soigneuse de la position en énergie de la résonance de plasmon de surface (dont l'acronyme anglais est Surface Plasmon Resonance ou SPR) pour les deux états de polarisation incidents. Nous proposons, dans ce chapitre, d'étudier le potentiel de la technique non linéaire de génération de second harmonique (SHG) qui repose sur la conversion de deux photons à une fréquence fondamentale en un photon à la fréquence harmonique. Cette conversion est interdite dans l'approximation dipolaire électrique pour des particules métalliques d'or et d'argent parfaitement centrosymétriques. La technique SHG est donc potentiellement très sensible aux brisures de centrosymétrie qui donnent alors lieu à un signal mesurable [15,16]. Une attention particulière a été récemment portée à la réponse SHG de nanoparticules métalliques soit dispersées en solution soit déposées de manière plus ou moins organisée [17, 18]. Il a en particulier été démontré que la réponse SHG pouvait être exaltée par la résonance de plasmon de surface [19-22]. Ainsi les mesures linéaires dans le domaine UV-visible ainsi que les mesures non linéaires de génération de second harmonique des nanoparticules métalliques réalisées en parallèle pourraient apporter des informations complémentaires sur les propriétés optiques de ces grands ensembles de nano particules métalliques [23-25]. La combinaison de ces deux techniques pourrait aussi compléter avantageusement les images de microscopie électronique à balayage.

Dans ce chapitre, nous décrirons les résultats expérimentaux obtenus en optique linéaire par des mesures de spectroscopie d'absorption UV-visible et en optique non linéaire par des mesures de l'intensité SHG pour des réseaux de nanoparticules métalliques. Différents états de polarisation seront choisis soit pour le champ incident, soit pour le champ transmis ou généré en sortie d'échantillon. Ces résultats seront comparés aux informations morphologiques fournies par les images SEM. En effet, l'un des objectifs de ce travail est de déterminer l'origine de la réponse SHG d'une assemblée de nanocylindres qui, au vu des images SEM, semblent réguliers. Par conséquent, un modèle simple basé sur l'approximation dipolaire sera présenté afin d'ajuster les résultats expérimentaux et de déterminer les éléments du tenseur de la susceptibilité non linéaire d'ordre 2, $\vec{\chi}^{(2)}_{IJK}$. Dans le cadre de ce chapitre, les réponses linéaire et non linéaire de nanocylindres métalliques d'or disposés régulièrement selon un arrangement géométrique carré, hexagonal ou aléatoire ont été étudiées dans une configuration en transmission pour différentes configurations de polarisation. Nous nous intéresserons plus particulièrement à la géométrie disposée selon un motif carré. Les études des autres configurations seront décrites de manière plus exploratoire à la fin de ce chapitre. Enfin, ajoutons que ce chapitre permettra aussi d'explorer le caractère cohérent que pourrait prendre la réponse SHG dans le cas d'un arrangement ordonnée de particules de taille nanométrique.

V.2 Fabrication de réseaux

Les réseaux de nanocylindres d'or ont été fabriqués par lithographie électronique au Laboratoire LNIO de l'Université Technologique de Troyes dirigé par Pascal Royer. Du polyméthacrylate de méthyle (PMMA) est tout d'abord déposé par la technique de "spin-coating" sur un substrat de silice fondue. Pour réduire l'influence de la déflection d'un faisceau des charges accumulées dans le substrat irradié, une fine couche métallique a été déposée au dessus du PMMA. L'exposition a été réalisée en utilisant un microscope électronique à balayage (Hitachi, SEM S3500) équipé d'un système de génération de motif nanométrique (J.C. Nabity Lithography Systems, NPGS). Suite à des études en résistance, une couche de chrome d'une épaisseur de 1 nm et différentes couches d'or d'une épaisseur de 15, 27 et 60 nm ont été ensuite déposées alternativement par évaporation à l'aide d'un faisceau électronique. Une procédure de "lift-off" a enfin été mise en œuvre pour enlever la couche non irradiée.

Une des dispositions géométriques des nanocylindres d'or est présentée sur la Figure V.1. Les nanocylindres d'or métalliques sont réalisés sur une surface de 100x100 μm^2. Dans le cas présenté sur cette figure, chaque nanoparticule a une forme cylindrique avec une hauteur de 60 nm et un diamètre de 80 nm. La distance entre chaque nanocylindre est identique suivant l'axe vertical X et l'axe horizontal Y et cette distance est égale à 200 nm.

V.3 Optique linéaire

Dans un premier temps, nous avons caractérisé les échantillons par spectroscopie de photoabsorption UV-Visible. Nous avons donc utilisé une méthode optique linéaire mettant en jeu des processus d'absorption et de diffusion de la lumière par les nano-objets. Les spectres d'extinction mesurés en transmission pour ces échantillons permettent une première étude morphologique. En particulier ils permettent la détermination de paramètres généraux comme la distribution en taille et en forme des nanoparticules présentes au sein de l'échantillon.

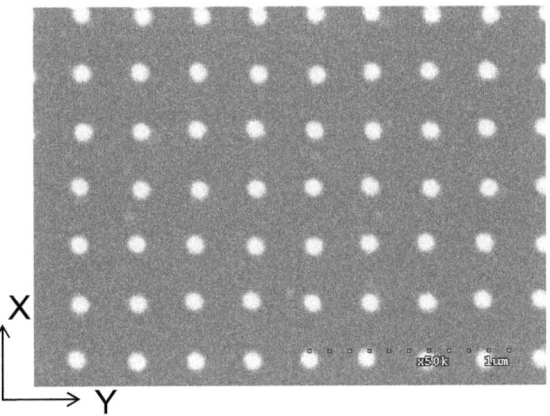

Figure V.1 :   Image SEM d'un réseau carré de nanocylindres d'or. La hauteur des cylindres est 60 nm et le diamètre est 80 nm. La distance entre nanocylindres est de 200 nm.

V.3.1 spectroscopie UV-visible

Les spectres d'extinction ont été enregistrés à l'aide d'un spectromètre Raman modifié (Jobin-Ivon, LabRam) à l'Université Technologique de Troyes. Les spectres ont été mesurés en transmission en utilisant une source de lumière blanche collimatée et un objectif de microscope (X10, NA 0.25). Des polariseurs ont été ajoutés sur le trajet du faisceau incident pour contrôler l'état de polarisation de faisceau incident.

Le spectre d'extinction obtenu pour l'échantillon de nanocylindres d'or de 80 nm de diamètre disposés en géométrie carrée est présenté sur la Figure (V.2) pour deux polarisations orthogonales du champ incident. Le maximum du spectre d'extinction est obtenu à une longueur d'onde de 614 nm pour la polarisation dirigée le long de l'axe X. Un décalage vers le bleu de ce maximum est clairement observé lorsque la polarisation du champ incident est le long de la direction Y indiquant une faible asymétrie dans la forme des nanocylindres. Pour évaluer ce déplacement et par conséquent l'étendue de la déformation potentielle, nous avons utilisé la théorie de Mie dans l'approximation dipolaire électrique pour des particules ellipsoïdales [26].

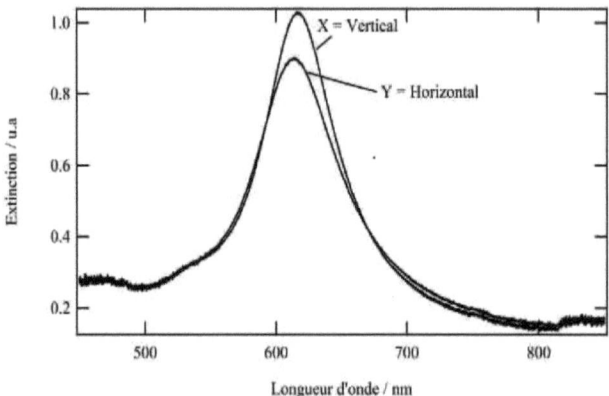

Figure V.2 : Spectre d'extinction d'un réseau carré de nanocylindres métalliques d'or de 60 nm de hauteur et 80 nm diamètre pour deux polarisations linéaires, parallèle à l'axe X et parallèle à l'axe Y.

V.3.2 Théorie de Mie

Le décalage vers le rouge du maximum d'intensité dans le cas d'une polarisation incidente verticale X par rapport à une polarisation incidente Y peut provenir de la non circularité de la base de chaque nanocylindre suivant ses axes X et Y. Ainsi, pour évaluer cet effet, nous avons utilisé un modèle de calcul de section efficace d'absorption dans l'approximation quasi-statique d'un ellipsoïde nous permettant de quantifier ce décalage [27,28]. Supposant que chaque nanocylindre possède la forme d'un ellipsoïde, trois résonances de plasmon de surface associées aux trois axes principaux de l'ellipsoïde a, b et c, suivant les axes respectifs X, Y et Z, sont observées. Pour une lumière polarisée le long de la direction i parallèle soit à l'axe X, Y ou Z, la section efficace d'absorption d'une particule $\sigma_{abs}^{(e),i}$ est donnée par :

$$\sigma_{abs}^{(e),i} = \frac{2\pi V \varepsilon_m^{3/2}}{\lambda L_i^2} \frac{\varepsilon_2}{\left| \varepsilon + \dfrac{1-L_i}{L_i} \varepsilon_m \right|^2} \tag{V.1}$$

où L_i est un facteur géométrique dépendant de la direction de polarisation et de la forme de l'ellipsoïde. Ainsi, pour une particule sphérique, $L_i = 1/3$. Par ailleurs, dans l'équation (V.1), λ est la longueur d'onde du faisceau incident, $\varepsilon = \varepsilon_1 + i\varepsilon_2$ la fonction diélectrique du métal, ε_m celle du milieu environnant et V le volume de la particule. Dans notre expérience, la matrice est de la silice fondue dont la constante diélectrique vaut $\varepsilon_m = 2.25$. La constante diélectrique $\varepsilon = \varepsilon_1 + i\varepsilon_2$ du métal est une fonction de la longueur d'onde λ. Les valeurs déterminées par P.B. Johnson et R.W. Christy ont été utilisées [29]. D'autre part, compte tenu de la configuration de l'expérience réalisée où la direction de propagation est parallèle à l'axe Z, nous nous intéresserons aux deux axes principaux X et Y. Nous envisageons donc le cas d'un sphéroïde allongé tel que $a > b = c$. Dans ce cas, l'expression des facteurs L_i suivant les directions X et Y est donnée par [27]:

$$L_x = \frac{1-e^2}{e^2} \left(-1 + \frac{1}{2e} \ln \frac{1+e}{1-e} \right) \tag{V.2}$$

$$L_y = (1 - L_x)/2 \tag{V.3}$$

avec $e^2 = 1 - \eta^2$ l'excentricité de l'ellipsoïde exprimée par le rapport $\eta = c/a$. Ce modèle est décrit succinctement par la Figure (V.3) :

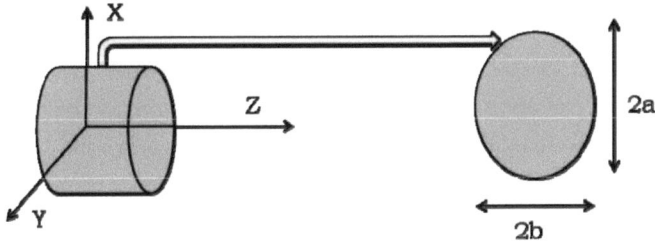

Figure V.3 : Section déformée de nanocylindre selon la direction des axes principaux X et Y. La section est donc une ellipse dont les deux demi-axes sont a et b.

V.3.3 Analyses

L'équation (V.1) permet d'évaluer la variation du décalage en longueur d'onde des spectres d'absorption pour les polarisations horizontale et verticale de la lumière incidente $\delta\lambda = \lambda_V - \lambda_H$ en fonction du rapport b/a. Cette variation calculée est décrite par la Figure (V.4).

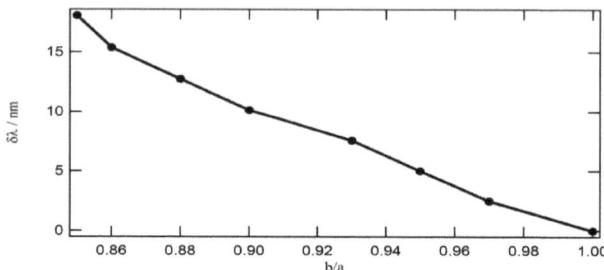

Figure V.4 :   Variation de l'écart en longueur d'onde du maximum des courbes d'extinction suivant les polarisations verticale et horizontale en fonction du rapport des axes *b/a*.

On constate sur cette figure que l'écart augmente avec la diminution de b/a. Il est à noter ici que la périodicité du réseau est plus grande que le diamètre d'un nanocylindre, nous permettant de supposer *a priori* que les interactions entre les nanocylindres ne jouent aucun rôle [19]. D'après les spectres d'extinction des nanocylindres d'or de la Figure (V.2), et à la lumière de la Figure (V.4), une légère déformation des cylindres est suffisante pour induire le décalage observé de 2.5 nm. Nous estimons ainsi qu'un décalage vers le rouge de l'ordre de 2.5 nm peut être expliqué par un rapport $b/a \approx 0.98$. Ce décalage est surprenant car il doit être attribué à une distorsion systématique lors de la fabrication par lithographie des échantillons. Il est en effet important de souligner que la déformation doit être similaire pour tous les cylindres car lors des expériences un grand nombre de cylindres est éclairé simultanément et participe donc au spectre d'extinction. La déformation de l'ordre de 1 nm le long de la direction verticale doit donc apparaître sur chaque nanocylindre. La spectroscopie d'extinction UV-visible semble donc être déjà une technique de contrôle adaptée pour la caractérisation de nos échantillons car l'image SEM ne permettait pas de mettre en évidence une telle déformation, voir Figure (V.1).

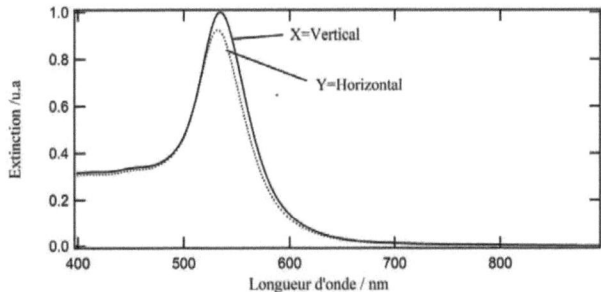

Figure V.5 :   Spectre d'extinction théorique suivant le modèle de Mie pour des polarisations linéaires suivant la direction X et suivant la direction Y pour un rapport b/a = 0.98.

V.4 Optique non linéaire : SHG

A l'aide de la technique de l'optique linéaire, nous avons pu mettre en évidence une faible déformation des nanocylindres d'or. Afin de poursuivre cette caractérisation, nous utilisons maintenant la technique SHG qui devrait confirmer l'apparition de ces déformations.

V.4.1 Dispositif expérimental

Avant de décrire notre dispositif, nous débuterons par des questions autour de la disposition de notre configuration expérimentale: Pourquoi avons-nous choisi cette configuration en transmission comme la Figure V.6 nous le montre et quelles quantités physiques peut- on extraire des spectres?

L'objectif de ce chapitre n'étant pas d'étudier l'effet réseau de l'échantillon, la rotation de l'échantillon est occultée. Par ailleurs, il est techniquement peu aisé de regarder le signal harmonique généré par le réseau avec un angle autre que celui du faisceau incident [17]. D'autre part, il est admis que la symétrie ne permet pas la génération du second harmonique dans des systèmes centrosymétriques sous la condition de l'approximation dipolaire électrique [24]. De même, lorsque les nanoparticules asymétriques sont disposées de façon à ce que l'ensemble du réseau ait une symétrie d'inversion, l'intensité SHG est complètement supprimée le long de la direction de l'illumination [16]. En outre, une asymétrie attribuée aux faces inférieure et supérieure du nanocylindre créée un dipôle oscillant à la fréquence du second harmonique le long de l'axe z du cylindre. Ce dipôle génère un maximum de signal du second harmonique dans la direction perpendiculaire à l'axe z et nulle dans la direction de cet axe [17]. *A priori*, cela n'est pas le cas de notre système, puisque les faces sont environnées d'un même milieu, d'une part la silice du substrat pour la face positionnée sur le substrat et d'autre part de la silice déposée en protection des échantillons pour la face supérieure de l'échantillon. Cette asymétrie est absente pour nos nanocylindres ou tout du moins très faible. Par contre, en admettant une asymétrie provenant d'une déformation dans le plan de la surface de l'échantillon, démontrée par la technique de l'optique linéaire dans le paragraphe V.3, en supposant par exemple que cette déformation se trouve sur la surface latérale de chaque nanocylindre, un signal harmonique est émis effectivement dans la direction de l'axe z, voir la Figure (V.7). C'est la raison pour laquelle nous avons choisi cette configuration en transmission.

La Figure (V.6) décrit le montage expérimental mis en œuvre pour les expériences de génération de second harmonique en transmission résolues en polarisation.

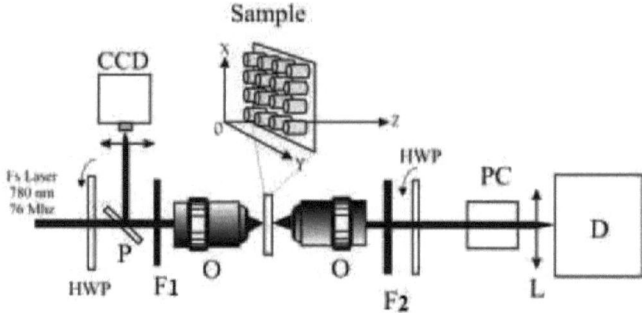

Figure V.6 :   Dispositif expérimental de l'expérience SHG en transmission. Les faisceaux incident et émergent se propagent suivant l'axe Z. HWP une lame demi-onde, P une lame séparatrice, CCD une caméra, PC un cube polariseur, F1 un premier objectif, F2 un deuxième objectif, L une lentille de focale 25 mm et D un système composé d'un Monochromateur, un Photomultiplicateur et d'un compteur de photon.

Le faisceau laser à la fréquence fondamentale est issu d'un oscillateur Ti:saphir femtoseconde générant des impulsions d'une durée de 180 fs cadencées à une fréquence de 76 MHZ autour de 790 nm. La puissance moyenne en sortie d'oscillateur est de 170 mW. Le faisceau est ensuite focalisé au moyen d'un objectif de microscope avec une ouverture numérique de 1.2 sur l'échantillon et le faisceau harmonique généré dans l'échantillon est collecté par un deuxième objectif de microscope avec une ouverture numérique de 0.32. Une lame demi-onde permet de faire varier l'angle de polarisation γ du faisceau fondamental. La polarisation du signal SHG généré par les nanocylindres est sélectionnée à l'aide d'un ensemble lame demi-onde et d'un cube polariseur optimisés à 400 nm. Γ est l'angle de polarisation du faisceau harmonique comme le montre la Figure (V.7).

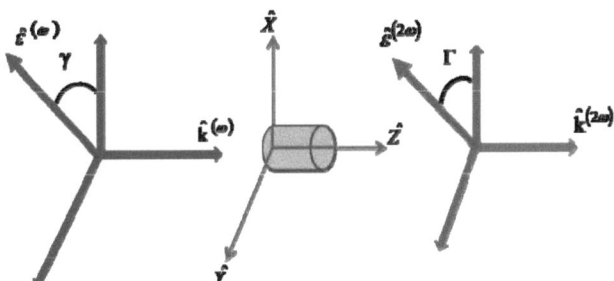

Figure V.7 :   Représentation schématique des angles de polarisation des faisceaux fondamental et harmonique.

Un filtre rouge est disposé avant le premier objectif de microscope dans le but d'éliminer tout signal harmonique parasite généré avant l'échantillon. Un filtre bleu est placé après le deuxième objectif dans le but d'éliminer le signal fondamental. L'intensité SHG est focalisée par une lentille de focale 2.5 cm à l'entrée d'un monochromateur couplé à un photomultiplicateur refroidi lui-même couplé à un compteur de photons (Stanford Research Systems, SR400). L'échantillon est disposé sur une platine se déplaçant dans les trois dimensions de manière à pouvoir aligner l'échantillon sur le point de focalisation du faisceau incident. La bonne disposition de l'échantillon dans le faisceau est réalisée en utilisant l'image récoltée en réflexion inverse par une caméra CCD. Enfin, l'alignement du faisceau laser avec la normale à l'échantillon est soigneusement réglé à l'aide de la réflexion sur une grande distance. L'angle est estimé inférieur à 0.05°, soit moins d'1 mm à un mètre de distance.

V.4.2 Résultats expérimentaux

A l'aide du dispositif décrit sur la Figure (V.6), nous avons pu réaliser des mesures de spectres larges de génération du second harmonique.

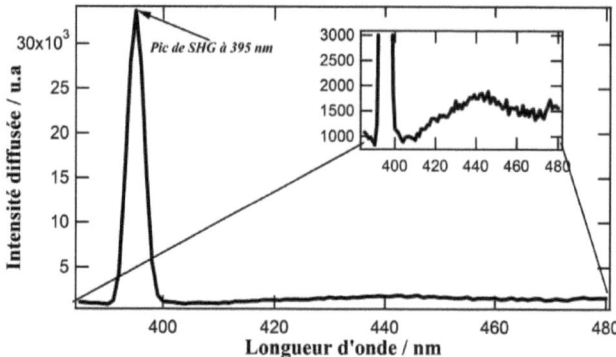

Figure V.8 :   Spectre large bande enregistré pour un réseau carré de nanocylindres d'or de 80 nm de diamètre pour une longueur d'onde incidente de 790 nm. L'encart contient le même spectre mais avec une échelle ×10 plus petite.

Ainsi nous avons, dans un premier temps, enregistré un spectre sur un large domaine de longueur d'onde pour s'assurer de la présence d'un signal monochromatique à la moitié de la longueur d'onde fondamentale, voir Figure (V.8). Une bande étroite est effectivement observée avec un maximum d'intensité localisé à 395 nm, longueur d'onde moitié de la longueur d'onde incidente à 790 nm. Cette bande est attribuée au signal d'intensité SHG des nanocylindres. Aucun signal SHG n'a été observé pour le substrat seul. Une étude de l'intensité SHG en fonction de l'intensité fondamentale incidente n'a pas pu être réalisée du fait d'une énergie fondamentale trop faible. Par ailleurs, la Figure (V.8) montre une bande large centrée autour de 440 nm. Cette bande résulte d'un signal de luminescence [30-33] provenant d'un processus d'excitation à 2 photons voire 3 photons si le seuil de la photoluminescence est considéré comme étant à une énergie supérieure à l'énergie de deux photons fondamentaux. Ce signal de photoluminescence n'est pas exalté par l'excitation du plasmon de surface. En effet, la résonance du plasmon de surface est située à 615 nm [34]. Ce signal de photoluminescence pourrait provenir d'états de piégés à la surface des nanocylindres par exemple, son origine restant encore mal comprise compte tenu des résultats en notre possession. Une analyse en polarisation du signal de photoluminescence, réalisée pour la collection fixée à 410 nm, suggère que cette émission possède un caractère dipolaire électrique, voir Figure (V.9).

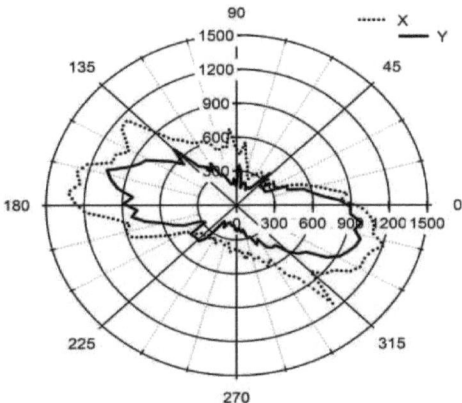

Figure V.9 : Graphe polaire de l'intensité de photoluminescence d'un réseau de nanocylindres d'or à une longueur d'onde de 410 nm polarisée verticalement (X) et horizontalement (Y) en fonction de l'angle de polarisation du champ incident.

Il est à noter que si la photoluminescence provenait de défauts à la surface des nanocylindres, l'orientation aléatoire de ces défauts de surface d'un cylindre à un autre conduirait à une photoluminescence non polarisée ce que nous n'avons pas observé.

À ce stade, il est aussi important de mentionner que nous avons supposé qu'aucune composante du champ fondamental n'est présente selon l'axe de propagation. Par conséquent aucun dipôle ne peut être excité le long de cette direction. De plus, le signal rayonné par des dipôles orientés le long de la direction de propagation ne peut pas être détecté dans cette configuration en transmission [35]. Par conséquent, seules les composantes se trouvant dans le plan de l'échantillon sont considérées. La Figure (V.10) décrit l'intensité SHG brute en fonction de l'angle de polarisation de faisceau incident. Afin d'obtenir le signal de SHG net, nous avons soustrait le fond de photoluminescence mesurée à 410 nm. La mesure de l'intensité de photoluminescence résolue en polarisation a été réalisée à 410 nm dans les mêmes conditions que les mesures réalisées à 395 nm (même temps d'acquisition, puissance de laser, tension de PM, position de l'échantillon,…), voir Figure (V.9). L'intensité SHG dont nous avons soustrait le fond de luminescence est présentée par la Figure (V.11). Cette figure présente deux courbes polaires pour l'intensité SHG en fonction de l'angle de polarisation du faisceau incident pour les deux polarisations de sortie différentes. Respectivement, en traits plein et pointillé, l'intensité SHG est donnée en fonction de l'angle de polarisation du faisceau incident pour une polarisation de sortie horizontale (I^H) et verticale (I^V).

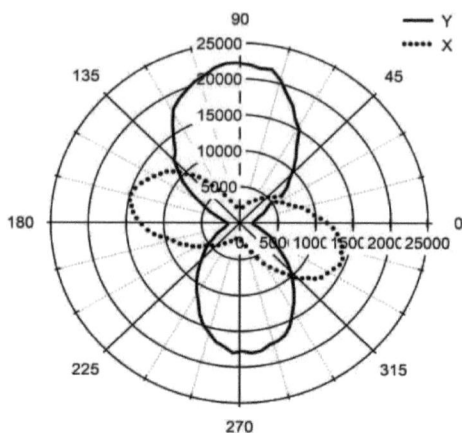

Figure V.10 : Graphe polaire de l'intensité SHG brute du réseau de nanocylindres d'or polarisée verticalement (X) en pointillé et polarisée horizontalement (Y) en trait plein en fonction de l'angle de polarisation du faisceau incident.

Il est à noter une asymétrie en intensité de la courbe I^H probablement en raison d'un léger désalignement expérimental. Par ailleurs, les intensités I^H_{SHG} et I^V_{SHG} ne s'annulent pas complètement lorsque l'angle de polarisation incidente vaut respectivement 0 et 90°. Ces mesures en polarisation nous renseignent sur l'origine du signal SHG observé. En effet, l'intensité SHG collectée en transmission n'est pas compatible avec une non linéarité qui serait due à la brisure de symétrie à l'interface entre le substrat et les deux faces supérieure et inférieure d'un cylindre en supposant dans ce cas que le nanocylindre est parfaitement centrosymétrique. En effet, une non linéarité aurait comme conséquence un dipôle rayonnant l'onde de second harmonique aligné le long de la direction de propagation. La configuration expérimentale ne pouvant pas mettre en évidence un rayonnement de second harmonique le long de l'axe Z, nous concluons que la contribution asymétrique des 2 faces du cylindre ne peut pas être observée sur la Figure (V.11).

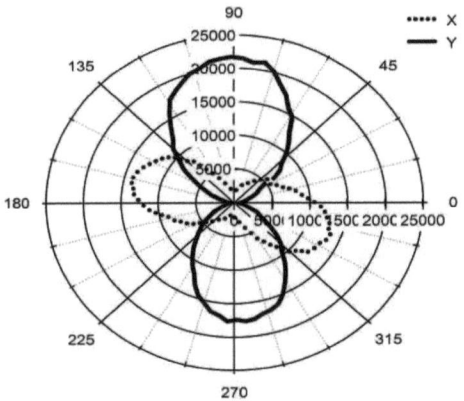

Figure V.11 :   Graphe polaire de l'intensité SHG à 395 nm du réseau de nanocylindres d'or polarisé verticalement (X) et polarisé horizontalement (Y) en fonction de l'angle de polarisation du faisceau incident. Le signal de photoluminescence recalculé à 395 nm par approximation linéaire a été soustrait.

Nous sommes donc dans une configuration permettant d'observer des non linéarités présentes à la surface du corps des nano-cylindres. Toutefois, le dipôle rayonnant à la fréquence harmonique n'est que la projection dans le plan de la surface de l'échantillon du dipôle vrai. Nos mesures sont ainsi en bon accord avec des mesures issues de la littérature indiquant que pour des mesures en transmission, les non linéarités ont pour origine les défauts associés au corps du cylindre alors que dans le cas de mesures hors–axe, les asymétries des bases des cylindres peuvent être mises en évidence [16].

Selon des travaux antérieurs, la polarisation non linéaire à la fréquence harmonique induite par de petites structures métalliques est due aux non linéarités de surface [16]. Dans le cas de structures telles que des nanosphères, des nano-bâtonnets ou dans le cas présent des nanocylindres, les non linéarités proviennent de petits écarts à la forme centrosymétrique parfaite ou à des défauts de surface comme des plissements non centrosymétriques ou des états de piégeage de surface. Ainsi, comme dans le cas des études réalisées en optique linéaire, les non linéarités observées dans les nanocylindres proviennent probablement de l'étape de fabrication où des défauts ont été créés le long de la même direction, pour tous les nanocylindres. Des défauts de surface sans aucun rapport d'orientation d'un cylindre à un autre conduiraient en effet à des courbes d'intensités sans effet de polarisation, la réponse SHG prenant un caractère incohérent. Enfin, ajoutons que bien que nous ayons observé des signaux SHG importants en termes d'intensité mesurée, le signal n'est pas résonant avec la résonance de plasmon de surface située autour de 615 nm [35, 36].

V.4.3 Modèle

Nous avons développé un modèle simple pour ajuster les résultats expérimentaux décrits sur la Figure (V.11). Pour cela, dans le cadre de l'approximation de l'onde plane puisque nous négligeons les effets de la focalisation, le champ électromagnétique incident de polarisation linéaire définie par l'angle γ et se propageant selon l'axe Oz s'écrit :

$$\vec{E}(\vec{r}',\omega) = E_0 \hat{\varepsilon}^{(\omega)} e^{i(\omega t - \vec{k}\vec{r}')} \tag{V.4}$$

La Figure (V.12) décrit la configuration géométrique utilisée pour décrire l'interaction de ce champ électrique incident avec le réseau de nanocylindres.

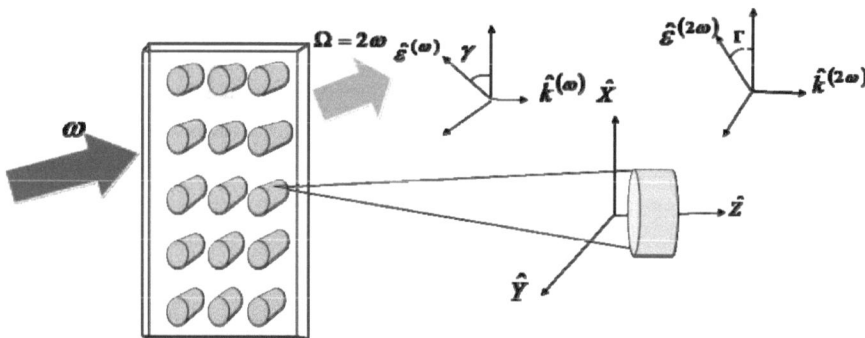

Figure V.12: Configuration géométrique de l'expérience de SHG en transmission.

avec $\hat{\varepsilon}^{(\omega)} = \cos\gamma\,\hat{X} + \sin\gamma\,\hat{Y}$. Ce champ électrique incident $\vec{E}(\vec{r}',\omega)$ induit une polarisation non linéaire $\vec{P}(\vec{r}',2\omega)$ dans le réseau de nanocylindres d'or dont l'expression est :

$$\vec{P}(\vec{r}',2\omega) = \vec{P}_S(\vec{r}',2\omega) + \vec{P}_V(\vec{r}',2\omega) \tag{V.5}$$

La polarisation non linéaire induite se décompose donc en deux contributions, la première surfacique représentée par $\vec{P}_S(\vec{r}',\omega)$ et trouvant son origine à la surface des nanocylindres et la seconde volumique notée $\vec{P}_V(\vec{r}',\omega)$ et provenant d'une origine volumique. Compte tenu des travaux antérieurs réalisés sur des nanoparticules métalliques, nous n'avons par la suite conservé que la partie d'origine surfacique de la réponse non linéaire, négligeant la contribution volumique. L'expression de la polarisation non linéaire se réduit donc à :

$$\vec{P}(\vec{r}',2\omega) = \vec{P}_S(\vec{r}',2\omega) \tag{V.6}$$

Sous sa forme tensorielle, cette polarisation s'exprime par l'équation suivante, en introduisant la susceptibilité quadratique de surface :

$$\vec{P}_S(\vec{r}',2\omega) = \varepsilon_0 \vec{\chi}_S^{(2)}(\vec{r}',\omega) : \vec{E}(\vec{r}',\omega)\vec{E}(\vec{r}',\omega) \tag{V.7}$$

avec ε_0 la permittivité diélectrique du vide et $\vec{\chi}_S^{(2)}(\vec{r}',\omega)$ le tenseur de susceptibilité surfacique quadratique. Les composantes de la polarisation non linéaire sont donc définies par :

$$P_I = \varepsilon_0 \sum_{JK} \chi_{S,\ IJK}^{(2)} E_J^\omega E_K^\omega \tag{V.8}$$

en posant $(I,J,K) = (X,Y,Z)$. La polarisation non linéaire résultante $\vec{P}_S(2\omega)$ intégrée sur la surface du corps du cylindre peut donc être vue comme un dipôle électrique oscillant à une fréquence harmonique comme il est décrit sur la Figure (V.13). Nous avons, de plus, admis une orientation de la déformation uniforme pour tous les nanocylindres. Toutefois, les déformations le long des directions perpendiculaires X, Y et Z ne peuvent être équivalentes. En effet, nous allons voir qu'une analyse des éléments de susceptibilité quadratique nécessaires à l'ajustement des résultats expérimentaux ne peut permettre une symétrie selon un seul axe privilégié contenu dans l'espace (X, Y, Z).

De manière générale, pour une onde plane de la forme (V.4) donnée plus haut, la polarisation non linéaire peut s'exprimer par la forme développée suivante :

$$P_{I(\gamma)} = \varepsilon_0 E_0^2 \left(\chi_{IXX}^{(2)} \cos^2 \gamma + 2\chi_{IXY}^{(2)} \cos \gamma \sin \gamma + \chi_{IYY}^{(2)} \sin^2 \gamma \right) \qquad (V.9)$$

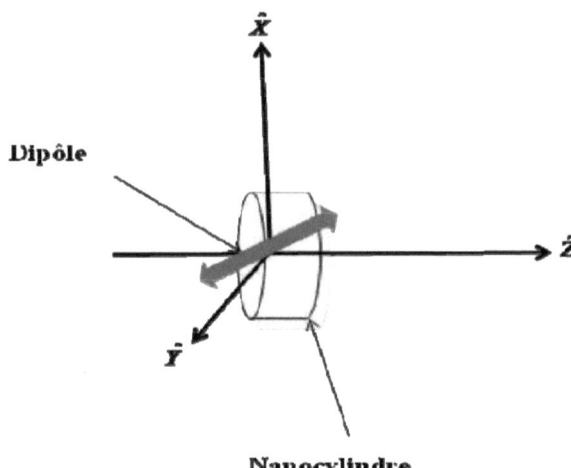

Figure V.13:   Représentation schématique du dipôle oscillant à la fréquence de la seconde harmonique dans le nanocylindre.

avec $I = (X, Y, Z)$. Le champ rayonné à la fréquence harmonique [37] étant proportionnel à cette polarisation non linéaire, il s'écrit :

$$\vec{E}^{(2\omega)} \propto ((\hat{n} \times \vec{P}^{(2\omega)}) \times \hat{n}) \qquad (V.10)$$

avec $\hat{n}$ la direction selon laquelle nous collectons le champ harmonique. Dans notre configuration expérimentale $\hat{n} = \hat{Z}$. Les composantes du champ électrique du second harmonique s'expriment donc par :

$$E_I^{(2\omega)} \propto (P_X, P_Y, 0) \qquad (V.11)$$

Le champ harmonique polarisé verticalement est obtenu pour $I = X$ et le champ harmonique polarisé horizontalement est obtenu pour $I = Y$. L'expression de l'intensité de SHG en passant au module au carré, est finalement:

143

$$I_I^{2\omega}(\gamma) = a_I \cos^4 \gamma + b_I \cos^2 \gamma \sin^2 \gamma + c_I \sin^4 \gamma$$
$$+ d_I \cos^3 \gamma \sin \gamma + e_I \cos \gamma \sin^3 \gamma \qquad (V.12)$$

où a_I, b_I, c_I, d_I et e_I coefficients dépendant des éléments du tenseur $\ddot{\chi}^{(2)}{}_{IJK}$ sont définis par :

$$a_I \propto (\chi_{Ixx})^2$$

$$b_I \propto 4(\chi_{Ixy})^2 + 2\chi_{Ixx}\chi_{Iyy}$$

$$c_I \propto (\chi_{Iyy})^2$$

$$d_I \propto 4\chi_{Ixx}\chi_{Ixy}$$

$$e_I \propto 4\chi_{Ixy}\chi_{Iyy}$$

Dans cette expression de l'intensité, nous avons admis que tous les éléments du tenseur de susceptibilité quadratique avaient la même phase relative car trouvant leur origine dans un unique paramètre local à la surface du corps du cylindre. C'est le modèle microscopique de Rudnick et Stern par exemple que nous ne discuterons pas ici. Enfin, dans cette expression, nous omettons toute intégration selon la direction de l'axe du cylindre, de ce fait négligeant dans ce modèle simple les effets retardés le long de cette direction, tout comme le long des axes X et Y. Pour tenir compte de l'effet de retard, il faudrait multiplier l'expression (V.10) par $(1 + \Delta\vec{k}.\vec{r}')$ où $\Delta\vec{k} = 2\vec{k}^{(\omega)} - K^{(2\omega)}\hat{n}$ est le désaccord des vecteurs d'onde, $\vec{r}'$ est la coordonnée d'un point de la surface du nanocylindre. Un modèle microscopique est en cours de construction pour prendre en compte les effets de retard et une surface non parfaite du cylindre.

V.4.4 Analyses

Nous avons ajusté nos résultats expérimentaux à l'aide de l'équation (V.12), voir Figure (V.14). Nous obtenons un bon accord entre les résultats expérimentaux et l'ajustement théorique de l'équation (V.12). Cet accord n'est pas surprenant car le modèle propose tous les degrés de liberté nécessaires à l'ajustement des graphes expérimentaux.

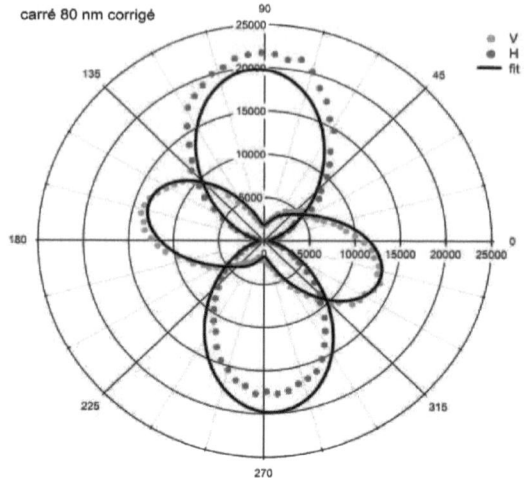

Figure V.14 : Graphe polaire de l'intensité de SHG fonction de l'angle de polarisation de champ incident pour un réseau de nanocylindres d'or : (vert) intensité SHG polarisée verticalement le long de la direction X, (rouge) intensité SHG polarisée horizontalement le long de la direction Y, (noir) ajustement théorique selon l'équation (V.12).

De cet ajustement, nous avons tiré les valeurs des coefficients a_I, b_I, c_I, d_I et e_I. Elles ne sont pas des valeurs absolues car nous ne considérons pas le nombre de nanocylindres illuminés, le temps d'acquisition ou aucune référence absolue. Ainsi, nous pouvons diviser ces valeurs par celle de a_I par exemple afin de les discuter et les comparer. Ces valeurs sont indiquées dans le Tableau (V.1).

	a_I	b_I	c_I	d_I	e_I
Horizontal I=Y	1	9.7	12.9	-0.5	-1.62
Vertical I=X	1	1.29	0.13	-1.02	0.04

Tableau V.14 : Valeurs divisées par a_I des coefficients a_I, b_I, c_I, d_I et e_I pour un réseau de nanocylindres du diamètre de 80 nm.

En utilisant les relations entre les coefficients a_I, b_I, c_I, d_I et e_I et les éléments du tenseur de la susceptibilité non linéaire d'ordre 2 $\vec{\chi}_{IJK}^{(2)}$, à partir des résultats expérimentaux de la

Figure (V.14) représentant l'intensité SHG polarisé horizontalement en sortie, nous notons que l'intensité SHG est maximale pour $\gamma = \pi/2$ et minimale pour $\gamma = 0$ et $\gamma = \pi$ indiquant que le coefficient c_1 est le plus important alors que le coefficient a_1 est plus faible. Ceci implique que l'élément de la susceptibilité quadratique $\chi_{Yyy}^{(2)}$ est plus grand que l'élément $\chi_{Yxx}^{(2)}$. Dans le cas des mesures enregistrées pour une polarisation de sortie verticale, l'intensité est maximum pour $\gamma = -\pi/12$ et $\gamma = 11\pi/12$ et minimale pour $\gamma = \pi/2$ et $\gamma = 3\pi/2$. Dans ce dernier cas, en comparant les coefficients, nous trouvons l'inverse par rapport à la polarisation de sortie horizontale. L'élément $\chi_{Xxx}^{(2)}$ du tenseur de susceptibilité est dominant. Il est intéressant de noter que si l'élément $\chi_{Yyy}^{(2)}$ seul nous a permis d'obtenir un bon accord entre les données expérimentales et théoriques dans l'ajustement de l'intensité SHG polarisée horizontalement, dans le cas pour l'intensité SHG polarisée verticalement, l'élément $\chi_{Xxx}^{(2)}$ seul ne suffit pas. Tous les éléments sont donc bien nécessaires pour réaliser l'ajustement des données expérimentales. Selon les tables standards donnant les éléments du tenseur de susceptibilité non nuls pour une classe de symétrie particulière sans centre d'inversion [23], la classe de symétrie la plus proche est celle d'un cristal trigonal de symétrie 3 pour lequel toute non linéarité le long de l'axe Z a été omise. Seuls les éléments de la forme $\chi_{IJK}^{(2)}$, $I, J, K = X, Y$ sont permis. Ces résultats nous permettent de conclure en particulier que les nanocylindres ne présentent pas vraiment de symétrie particulière associée à leur forme géométrique dans leur réponse optique non linéaire bien que les champs fondamental et harmonique soient polarisés selon des axes bien définis. Il est donc difficile en l'état d'établir un lien avec l'asymétrie observée en optique linéaire, au-delà de la constatation de l'existence d'une déformation systématique de chaque nanocylindre.

V.5 Effet de la taille

Afin d'étudier l'effet de la taille sur la réponse non linéaire des nanocylindres, nous présentons des résultats expérimentaux pour deux réseaux de nanocylindres de même disposition géométrique que celle de 80 nm de diamètre, mais avec des diamètres plus grands, respectivement de 120 et 160 nm pour des hauteurs respectives de 27 et 15 nm. La distance entre cylindre reste la même. On note en particulier que dans ce cas que le volume des cylindres est conservé ce qui permet une étude des effets de surface de manière privilégiée.

V.5.1 Résultats expérimentaux

En augmentant le diamètre des nanocylindres de 80 à 120 nm et 160 nm, nous constatons que les graphes de l'intensité de SHG polarisée sont fortement modifiés, voir Figure (V.15) par rapport à ceux observées en Figure (V.14).

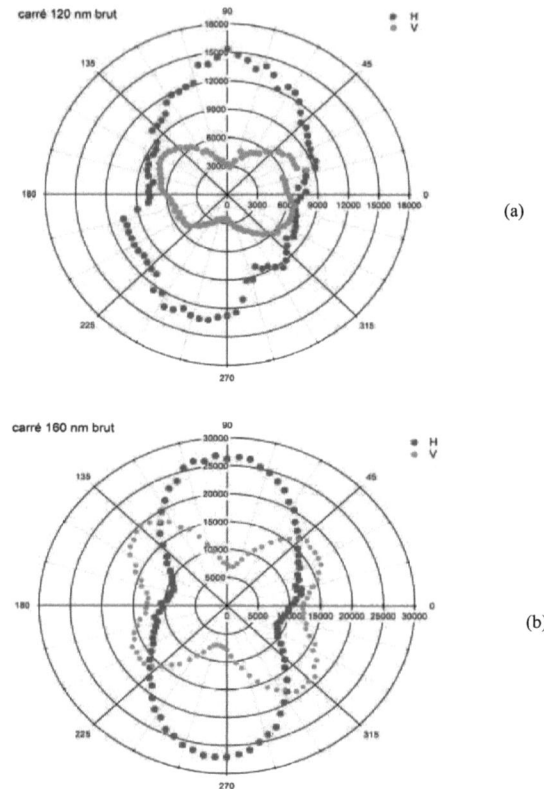

(a)

(b)

Figure V.15 : Graphes polaires de l'intensité SHG brute du réseau de nanocylindres d'or polarisée verticalement (V) en vert et polarisée horizontalement (H) en rouge, en fonction de l'angle de polarisation du faisceau incident. (a) cas où le diamètre du nanocylindre est 120 nm, (b) cas du diamètre de 160 nm.

La question se pose donc de l'origine de ces modifications associées aux effets de la taille des nanocylindres. Le modèle présenté dans ce chapitre n'est malheureusement pas apte à tenir compte de tels effets. Par ailleurs, pour une intensité SHG polarisée verticalement en trait pointillé vert, voir la figure (V.15), on repère clairement une réponse non linéaire avec une tendance quadripolaire pour les nanocylindres de diamètre de 120 nm et se renforçant pour 160 nm. Ces graphes quadrupolaires sont à rapprocher des effets de retard dus au diamètre des nanocylindres observés pour des particules métalliques quasi-sphériques de grandes tailles. Cependant une analyse détaillée nécessiterait l'incorporation d'autres effets comme la centrosymétrie de la structure cristalline de l'or combinée avec la centrosymétrie de la forme du nanocylindre [35], les piégeages, les défauts...

V.5.2 Analyses et discussions

Nous avons ajusté ces graphes polaires à l'aide de l'équation (V.12) comme l'indique la Figure (V.16). Nous obtenons un bon accord entre les résultats expérimentaux et l'ajustement théorique, en partie parce que le nombre de paramètres est adapté aux courbes à ajuster.

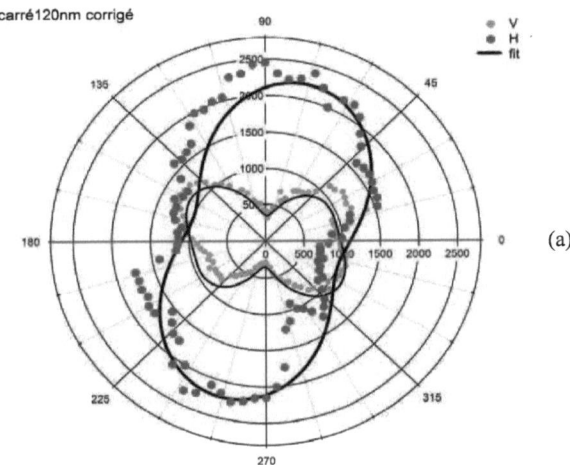

(a)

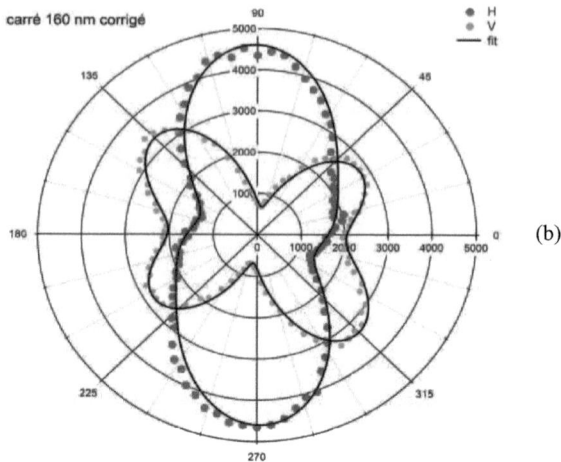

Figure V.16 : Graphe polaire de l'intensité de SHG fonction de l'angle de polarisation de champ incident pour un réseau de nanocylindres d'or: (vert) intensité SHG polarisée verticalement le long de la direction X, (rouge) intensité SHG polarisée horizontalement le long de la direction Y, (noir) ajustement théorique selon l'équation (V.12). (a) cas où le diamètre du nanocylindre est 120 nm, (b) cas du diamètre de 160 nm.

De cet ajustement, comme dans le cas des nanocylindres de diamètre 80 nm, nous avons extrait les valeurs des coefficients a_I, b_I, c_I, d_I et e_I. Ces valeurs sont indiquées dans le Tableau (V.2), incluant les valeurs montrées dans le Tableau (V.1).

	Diamètre (nm)	a_I	b_I	c_I	d_I	e_I
Horizontal I=Y	80	1	9.7	12.9	-0.5	-1.6
Vertical I=X	80	1	1.29	0.13	-1.02	0.04
Horizontal I=Y	120	1	2.7	1.9	0.53	0.68
Vertical I=X	120	1	2.5	0.36	-0.25	-0.13
Horizontal I=Y	160	1	2.1	2.8	0.6	-0.13
Vertical I=X	160	1	4.27	0.4	0.25	-1

Tableau V.2 : Valeurs divisées par a_I des coefficients a_I, b_I, c_I, d_I et e_I pour des réseaux des nanocylindres avec des diamètres respectivement 80, 120 et 160 nm.

Pour une intensité SHG I_H^{SHG} polarisée horizontalement, le Tableau (V.2) montre pour les trois diamètres des nanocylindres que $c_H > a_H$. Ceci implique que l'élément de la susceptibilité $\chi_{Yyy}^{(2)}$ est le plus important alors que l'élément $\chi_{Yxx}^{(2)}$ est le plus faible car I_H^{SHG} est maximale pour un angle de polarisation incidente $\gamma = 90°$ et minimale pour $\gamma = 0°$ et $\gamma = 180°$ comme l'indiquent les Figures (V.14) et (V.15). Le Tableau (V.2) montre aussi que d_H pour les diamètres de 120 et 160 nm est plus grand que celui de 80 nm. Nous en déduisons donc que les valeurs des éléments $\chi_{Yxx}^{(2)}$ et $\chi_{Yxy}^{(2)}$ sont plus importantes pour les diamètres de 120 et 160 nm que pour celui de 80 nm.

Pour une intensité SHG I_V^{SHG} polarisée verticalement, le Tableau (V.2) montre pour les trois diamètres des nanocylindres que $c_V < a_V$. Cela indique que l'élément de la susceptibilité $\chi_{Xyy}^{(2)}$ est le plus faible alors que l'élément $\chi_{Xxx}^{(2)}$ est le plus important. On observe aussi dans le Tableau (V.2) que b_V pour les diamètres de 120 et 160 nm est plus grand que pour celui de 80 nm. Cette augmentation de b_V résulte du fait que I_V^{SHG} est maximale pour $\gamma = 45°$ et $\gamma = 135°$ comme l'indique la figure (V.16). Nous percevons donc que l'élément $\chi_{Xxy}^{(2)}$ est un paramètre important pour les nanocylindres de diamètre 120 et 160 nm alors qu'il est négligeable pour ceux de 80 nm. Nous concluons que l'élément $\chi_{Xxy}^{(2)}$ est fortement lié à la réponse quadripolaire aux grands diamètres.

Dans le but de vérifier les valeurs des coefficients indiquées dans le Tableau (V.2), nous avons comparé celles-ci avec les valeurs théoriques de certaines courbes attendues comme le montre le Tableau (V.3).

contribution	a_I	b_I	c_I	d_I	e_I
Dipôle pur Y	0	0	1	0	0
Dipôle pur X	1	0	0	0	0
Quadripôle pur	0	1	0	0	0

Tableau V.3 : Valeurs théoriques des coefficients a_I, b_I, c_I, d_I et e_I pour des réponses particulières de l'intensité SHG polarisée.

Dans le cas de la contribution dipolaire présentée par les Figures (V.14) et (V.16) pour les trois diamètres des nanocylindres, 80, 120 et 160 nm, les valeurs des coefficients c_I et a_I sont plus importants. Ces dernières s'approchent des valeurs théoriques pour le cas d'un dipôle pur, voir Tableau (V.3). D'autre part, dans le cas de la contribution quadripolaire, pour les deux diamètres des nanocylindres, 120 et 160 nm, voir la Figure (V.16), les valeurs du coefficient b_I dominent. Elles sont approximativement égales aux valeurs théoriques pour le cas d'un quadripôle pur, voir Tableau (V.3). Les courbes observées pour les intensités semblent donc être des mélanges inégaux des réponses dipolaire et quadripolaire. Le lien avec la taille des cylindres reste à définir dans un modèle plus fin en cours de développement.

V.6 Effet d'organisation

Afin d'étudier l'effet d'organisation sur la réponse non linéaire des nanocylindres, nous présenterons des résultats expérimentaux préliminaires pour deux réseaux de nanocylindres de même diamètre de 80 nm mais avec deux dispositions géométriques différentes : hexagonale et aléatoire.

V.6.1 Résultats expérimentaux

En remplaçant la disposition carrée par une disposition hexagonale ou aléatoire, nous découvrons que l'intensité de SHG polarisée horizontalement en trait pointillé rouge possède aussi une forte une contribution dipolaire, comme l'indique la Figure (V.17). Cette contribution est très proche de celle observée pour la disposition carrée, voir Figure (V.14). Nous pouvons globalement conclure que les effets de l'arrangement des nanocylindres sont faibles sur la réponse non linéaire des réseaux de nanocylindres en polarisation horizontale. Cependant, pour une intensité de SHG polarisée verticalement en trait pointillé vert sur la Figure (V.17), on note clairement une réponse non linéaire avec une tendance quadripolaire pour les nanocylindres ayant une disposition hexagonale ou aléatoire. Cette polarisation met donc plus nettement un effet de l'arrangement des nanocylindres. Nous remarquons aussi que l'intensité SHG I_V^{SHG} est maximale pour un angle de polarisation incidente $\gamma = 165°$ dans le cas du réseau carré, $\gamma = 150°$ dans le cas hexagonal, $\gamma = 135°$ dans le cas aléatoire comme l'indiquent les Figures (V.14) et (V.17). Ces effets observés en fonction de l'arrangement des nanocylindres résultent très probablement des effets d'interaction entre les nanocylindres.

151

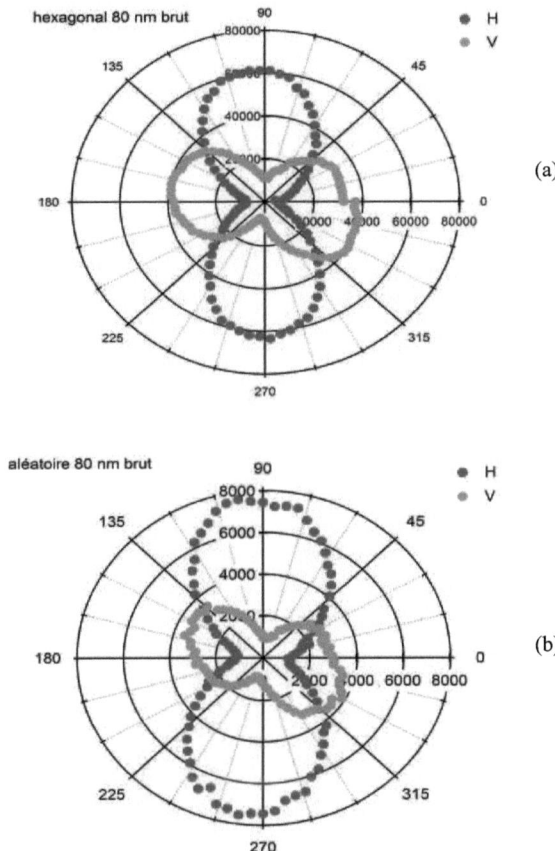

Figure V.17:   Graphes polaires de l'intensité SHG brute du réseau de nanocylindres du diamètre de 80 nm d'or polarisée verticalement (V) en pointillé vert et polarisée horizontalement (H) en rouge en fonction de l'angle de polarisation du faisceau incident. (a) cas où la disposition géométrique des nanocylindres est hexagonale, (b) cas de la disposition aléatoire.

A ce stade, il est difficile de déterminer l'origine de ces interactions. Il est possible cependant que des effets dipôle-dipôle induits puissent apparaître aux fréquences fondamentale et/ou harmonique compte tenu de la proximité des cylindres dans l'arrangement. Les effets de polarisation seront cependant à clarifier dans le futur.

V.6.2 Analyses et discussions

Nous avons ajusté ces graphes polaires à l'aide de l'équation (V.12) comme l'indique la Figure (V.18). Nous obtenons un bon accord entre les résultats expérimentaux et l'ajustement théorique de l'équation (V.12).

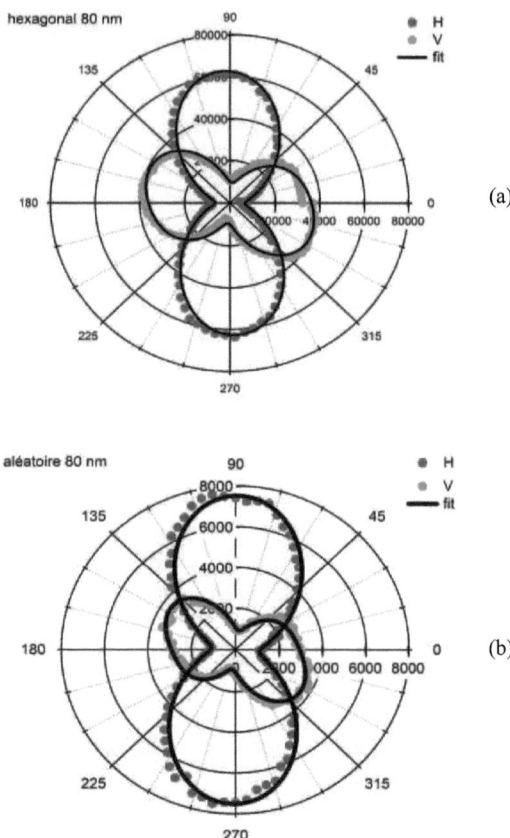

Figure V.18 : Graphes polaires de l'intensité de SHG fonction de l'angle de polarisation de champ incident pour un réseau de nanocylindres d'or du diamètre de 80 nm: (vert) intensité SHG polarisée verticalement le long de la direction X, (rouge) intensité SHG polarisée horizontalement le long de la direction Y, (noir) ajustement théorique selon l'équation (V.12). (a) cas où la disposition géométrique des nanocylindres est hexagonale, (b) cas de la disposition aléatoire.

Comme dans le cas de la configuration carrée, nous avons extrait de cet ajustement les valeurs des coefficients a_I, b_I, c_I, d_I et e_I. Ces valeurs sont indiquées dans le Tableau (V.4), incluant les valeurs montrées dans le Tableau (V.1).

	Disposition	a_I	b_I	c_I	d_I	e_I
Horizontal I=Y	Carré	1	9.7	12.9	-0.5	-1.6
Vertical I=X	Carré	1	1.29	0.13	-1.02	0.04
Horizontal I=Y	hexagonal	1	7.6	9.4	0.35	-0.96
Vertical I=X	hexagonal	1	1.9	0.28	-0.26	-0.28
Horizontal I=Y	aléatoire	1	6.3	6.6	0.75	-0.16
Vertical I=X	aléatoire	1	2.3	0.36	-0.39	0.56

Tableau V. 4: Valeurs divisées par a_I des coefficients a_I, b_I, c_I, d_I et e_I pour des réseaux des nanocylindres avec un diamètre de 80 nm pour trois dispositions géométriques: carrée, hexagonale, aléatoire.

Pour une intensité SHG I_H^{SHG} polarisée horizontalement, le Tableau (V.4) montre pour les trois configurations de nanocylindres que $c_H > a_H$. Ceci implique que l'élément de la susceptibilité $\chi_{Yyy}^{(2)}$ est le plus important alors que l'élément $\chi_{Yxx}^{(2)}$ est le plus faible car I_H^{SHG} est maximale pour un angle de polarisation incidente $\gamma = 90°$ et minimale pour $\gamma = 0°$ et $\gamma = 180°$ comme l'indiquent les Figures (V.14) et (V.18). Ce tableau nous montre également une augmentation de d_H et e_H en passant de la configuration carrée à la configuration aléatoire. Nous déduisons donc que les valeurs des éléments $\chi_{Yxx}^{(2)}$ et $\chi_{Yxy}^{(2)}$ sont plus importantes pour la configuration hexagonale et aléatoire que pour la configuration carrée.

Pour une intensité SHG I_V^{SHG} polarisée verticalement, le Tableau (V.4) montre pour les trois configurations de nanocylindres que $c_V < a_V$. Cela indique que l'élément de la susceptibilité $\chi_{Xyy}^{(2)}$ est plus faible alors que l'élément $\chi_{Xxx}^{(2)}$ est plus grand. On voit aussi dans le Tableau (V.4) que b_V pour les deux dispositions hexagonale et aléatoire est plus grand que pour celle carrée. Cette augmentation de b_V résulte du fait que I_V^{SHG} est maximale pour

$\gamma = 150°$ dans le cas du réseau hexagonal et pour $\gamma = 135°$ dans le cas aléatoire. Par contre I_V^{SHG} est maximale pour $\gamma = 165°$ dans le cas carré comme l'indiquent les Figures (V.14) et (V.18). Nous percevons donc que l'élément $\chi_{Xxy}^{(2)}$ est plus grand pour les deux réseaux hexagonal et aléatoire et plus petit pour le réseau carré. Nous concluons que l'effet de l'organisation est plus manifeste dans le cas de I_V^{SHG} que celui de I_H^{SHG}. La question se pose donc sur le lien entre la polarisation du second harmonique à la sortie et l'effet de l'organisation des cylindres dans le réseau. Une modélisation plus complexe qui tient compte de l'effet de l'organisation combinant l'effet du réseau est donc nécessaire afin de comprendre l'origine de cette corrélation.

V.7 Conclusion

Nous avons réalisé des mesures optiques linéaires et non linéaires pour un arrangement selon une géométrie carrée de nanocylindres métalliques d'or. Les spectres d'extinction pour des intensités transmises polarisées orthogonalement ont démontré par l'intermédiaire d'un léger décalage en longueur d'onde la création d'une faible déformation lors de la fabrication des nanocylindres. Les études résolues en polarisation de la génération de second harmonique ont prouvé que l'origine de la réponse non linéaire observée ne résultait pas de l'asymétrie entre les bases supérieure et inférieure des cylindres mais plutôt des petits défauts à la surface du corps des cylindres. En considérant la symétrie des graphes polaires enregistrés, nous avons pu confirmer que les défauts de nanocylindres provenaient du processus de fabrication induisant une systématisation des défauts. Les nanocylindres ne présentent par ailleurs aucune symétrie particulière à la vue de leur réponse SHG confirmant une origine probable due à des défauts.

Par ailleurs, nous avons observé pour la première fois une contribution quadripolaire, en relation avec le diamètre des nanocylindres. De même l'arrangement des nanocylindres dans le réseau à taille constante est observé pour la première fois. Dans ce dernier cas, l'origine supposée est attribuée à l'interaction entre nanocylindres. Ces expériences soulignent la nécessité d'aller au-delà de l'analyse morphologique macroscopique simple de ces petites structures métalliques par des images SEM. L'étude optique des nanocylindres indique en effet que des défauts peu visibles sur les images SEM peuvent être mis en évidence. Une approche microscopique plus complète est aussi en cours de développement afin de relier quantitativement les différents éléments de la susceptibilité non linéaire quadratique aux non linéarités microscopiques de surface.

Références

[1] Y. R. Shen, *Principles of Nonlinear Optics*, Wiley, New York, 1988.

[2] M. V. U. Kreibig, *Optical Properties of Metal clusters,* Springer, New York, 1995.

[3] A. Arbouet, D. Christofilos, N. Del Fatti, F. Vallee, J. R. Huntzinger, L. Arnaud, P. Billaud and M. Broyer, *Phys. Rev. Lett*, **93**, 127401 (2004)

[4] J. Aizpurua, P. Hanarp, D. S. Sutherland, M. Käll, Garnett W. Bryant and F. J. García de Abajo, *Phys. Rev. Lett*, **90**, 57401 (2003)

[5] K. Lance Kelly, E. Coronado, L. L. Zhao and G. C. Schatz, *J. Phys. Chem.* B, **107**, 668 (2003)

[6] W. Rechberger, A. Hohenau, A. Leitner, J. R. Krenn, B. Lamprecht, F. R. Aussenegg, *Opt. Commun.*, **220**, 137 (2003)

[7] K. Tsuboi, S. Abe, S. Fukuba, M. Shimojo, M. Tanaka, K. Furuya, K. Fujita, K. Kajikawa, *J. Chem. Phys*, **125**, 174703 (2006)

[8] B. K. Canfield, S. Kujala, K. Jefimovs, J.Turunen and M. Kauranen, *Opt.Express*, **12**, 5418 (2004)

[9] B. K. Canfield, S. Kujalal, K. Jefimovs, T. Vallius, J. Turunen and M. Kauranen, *J. Opt. A : Pure Appl. Opt.* **7**, S110 (2005)

[10] B. K. Canfield, S. Kujala, K. Laiho, K. Jefimovs, J. Turunen, and M. Kauranen, *Opt. Express*, **14**, 950 (2006)

[11] J. H. Hodak, A. Henglein and G. V. Hartland, *J. Phys. Chem. B*, **104**, 9954 (2000)

[12] M. Hu, X. Wang, G. V. Hartland, P. Mulvaney, J. P. Juste and J. E. Sader, *J. Am. Chem. Soc*, **125**, 14925 (2003)

[13] W. Gotschy, K. Vonmetz, A. Leitner and F. R. Aussenegg, *Opt. Lett.*, **21**, 1099 (1996)

[14] K. L. Kelly, E. Coronado, L. L. Zhao and G. C. Schatz, *J. Phys. Chem. B*, **107,** 668 (2003)

[15] B. K. Canfield, S. Kujala, M. Kauranen, K. Jefimovs, T. Vallius and J. Turunen, *Appl. Phys. Lett.* **86**, 183109 (2005)

[16] T. F. Heinz, *Non linear surface electromagnetic phenomena*, H. - E. Ponath and G. I. Stegeman, Amsterdam, 1991, Vol. 29.

[17] I. Russier-Antoine, C. Jonin, J. Nappa, E. Benichou and P. F. Brevet, *J. Chem. Phys.* **120**, 10748 (2004)

[18] M. D. McMahon, R. Lopez, R. F. Haglund, E. A. Ray and P. H. Bunton, *Phys. Rev. B*, **73**, 041401 (2006)

[19] C. Hubert, L. Billot, P. M. Adam, R. BAchelot, P. Royer, J. Grand, D. Gindre, K. D. Dorkenoo and A. Fort, *Appl. Phys. Lett*, **90**, 181105 (2007)

[20] M. D. McMahon, D. Ferrara, C. T. Bowie, R. Lopez, R. F. Haglund, *Appl. Phys. B*, **87**, 259 (2007)

[21] R. Antoine, M. Pellarin, B. Palpant, M. Broyer, B. Prével, P. Galletto, P. F. Brevet and H. H. Girault, *J. Appl. Phys.*, **84**, 4532 (1998)

[22] B. Lamprecht, A. Leitner, F.R. Aussenegg, *Appl. Phys. B*, **68**, 419 (1999)

[23] R. W. Boyd, *Nonlinear Optics*, Academic Press, San Diego, 1992.

[24] B. Lamprecht, A. Leitner and F. R. Aussenegg, *Appl. Phys. B*, **64**, 269 (1997)

[25] S. Abel and K. Kajikawa, *Phys. Rev. B*, **74**, 035416 (2006)

[26] J. P. Goudonnet, J. L. Bijeon and M. Pauty, *Thin Solid Films*, **177**, 49 (1989)

[27] C. F. Bohren and D. R. Huffman, *Absorption and Scattering of Light by Small Particles* Wiley- Interscience, New York, 1983.

[28] O. Muskens, D. Christofilos, N. Del Fatti and F. Vallee, *J. Opt. A : Pure Appl. Opt*, **8**, S264 (2006)

[29] P. B. Johnson, R. W. Christy, *Phys. Rev. B*, **6**, 4370 (1972)

[30] J. Kneipp, H. Kneipp and K. Kneipp, *PNAS*, **14**, 17153 (2006)

[31] R. A. Farrer, F. L. Butterfield, V. W. Chen and J. T. Fourkas, *Nano. Lett.*, **5**, 1139 (2005)

[32] J. Beermann and S. I. Bozhevolnyi, *Phys. Stat. Sol*, **2**, 3983 (2005)

[33] J. Enderlein, T. Ruckstuhl and S. Seeger, *Appl. Optics*, **38**, 724 (1999)

[34] O.P. Varnavski, M.B. Mohamed, M.A. El-Sayed, Th. Goodson III, *J. Phys. Chem. B*, **107**, 3101 (2003)

[35] J. Nappa, G. Revillod, I. Russier-Antoine, E. Benichou, C. Jonin and P. F. Brevet, *Phys. Rev. B*, **71**, 165407 (2005)

[36] J. Nappa, I. Russier-Antoine, E. Benichou, C. Jonin and P. F. Brevet, *Chem. Phys. Lett*, **416**, 246 (2005)

[37] J. D. Jackson, *Classical Electrodynamics*, Wiley & sons, New York, 1925.

Chapitre VI : Génération d'un continuum de lumière dans un film de nanoparticules métalliques

VI.1 Introduction

La génération d'un continuum de lumière blanche a été démontrée en 1970 par Alfano et Shapiro [1], mais ce phénomène n'est pas jusqu'à présent compris dans son intégralité. Il se manifeste par un élargissement très important du spectre d'une impulsion laser intense lors de son passage dans un milieu non linéaire. Typiquement, le spectre s'élargit au point que l'impulsion devienne "blanche", autrement dit, composée de fréquences couvrant tout le spectre visible. La génération d'un continuum spectral a été étudiée dans des milieux solides tels des cristaux et des verres [2-3], des liquides [3-4] et des gaz [5]. Ce processus de génération de continuum est très intéressant pour la spectroscopie puisqu'il présente la possibilité de produire une source de lumière avec un large spectre de sorte que l'on peut imaginer choisir la longueur d'onde désirée avec un simple filtre passe-bande étroite. La recherche dans ce domaine trouve ainsi de nombreuses applications, de la fabrication de lasers blancs aux circuits photoniques intégrés pour le multiplexage en longueur d'onde dans le domaine des télécommunications [6], à la tomographie en passant par la métrologie.

Dans les études récentes plus particulièrement en lien avec ce travail, il faut noter que la génération d'un continuum par des impulsions femtosecondes a été observée dans des solutions liquides contenant des nanoparticules d'argent [7]. Par ailleurs, toujours en solution liquide, l'effet de la nature des éléments chimiques ioniques, en particulier la taille des cations Li^+, Na^+ et K^+, a été observé pour le phénomène de diffusion hyper Rayleigh (acronyme anglais *Hyper Rayleigh Scattering* HRS), c'est-à-dire la diffusion non linéaire de lumière à la fréquence harmonique par la solution. De même des études ont porté aussi sur les possibilités de génération de continuum dans ces solutions de nanoparticules d'argent pour lesquelles l'agrégation des particules a été induite par addition d'un sel du type NaCl [8]. Pour les particules métalliques, l'excitation optique dans la bande de résonance du plasmon de surface

(SPR) produit une augmentation importante de la section efficace des processus d'interaction. Cette propriété peut ainsi être exploitée pour la génération de phénomènes à sections efficaces faibles tels que l'absorption multiphotonique, la diffusion hyper-Rayleigh ou la diffusion Raman [9,10]. L'observation de la génération d'un continuum dans ces milieux s'inscrit donc dans cette ligne d'étude [11].

Avant tout, il faut rappeler ici que l'objet de ce chapitre ne vise pas à la compréhension de la génération d'un continuum de lumière blanche dans un milieu liquide contenant des particules métalliques. Cependant, au cours des chapitres précédents, nous avons vu apparaître cette génération et il nous a paru nécessaire de présenter quelques résultats expérimentaux complémentaires réalisés sur un film contenant des particules bimétallique $Au_{75}Ag_{25}$. Nous terminerons ce chapitre avec une esquisse d'analyse de ces premiers résultats.

VI.2 Continuum dans un film de particules $Au_{75}Ag_{25}$

Comme nous l'avons vu dans le chapitre II pour la Figure (II.13) par exemple, l'intensité SHG observée au cours d'une expérience SHG-scan pour un film de nanoparticules métalliques $Au_{75}Ag_{25}$ présente un minimum d'intensité au voisinage du point focal lorsque la lentille de focalisation est déplacée le long de l'axe optique. Plus précisément sur cette figure, il est possible aussi d'observer une intensité non nulle dans une gamme de longueur d'onde assez large et plus longue que la longueur d'onde SHG lorsque l'échantillon est situé au point focal. Dans les mesures reportées ici, les différentes conditions expérimentales concernant le laser, le dispositif de détection et l'échantillon seront identiques à celles décrites par la Figure (II.13). L'échantillon est constitué par un film d'alumine d'une épaisseur de 445 nm contenant les nano particules métalliques $Au_{75}Ag_{25}$. Les détails concernant les propriétés physiques de ce film ont déjà été présentés auparavant. Afin de mettre en évidence cette génération de continuum, les expériences ont été répétées en variant l'intensité du laser par rotation de la lame demi-onde placée devant le cube polariseur et la lentille L1. Le but de cette mesure est donc d'observer l'effet de la variation de l'intensité incidente du laser sur l'apparition du continuum et si possible d'estimer un seuil d'apparition. Avant de décrire les figures suivantes, nous rappelons que lors de ces expériences de type SHG-scan, il a été vérifié que ni l'alumine formant la matrice contenant les particules métalliques ni le substrat ne produisaient un signal SHG ou un continuum.

VI.2.1 Seuil d'apparition du continuum

La Figure (VI.1) obtenue pour une puissance moyenne, mesurée au niveau du film, de 160 mW montre clairement l'apparition d'une bande large aux plus grandes longueurs d'onde dont l'intensité maximale atteint I_{ct} = 2638 photons/s à 532 nm pour une position de l'échantillon z = 52 mm.

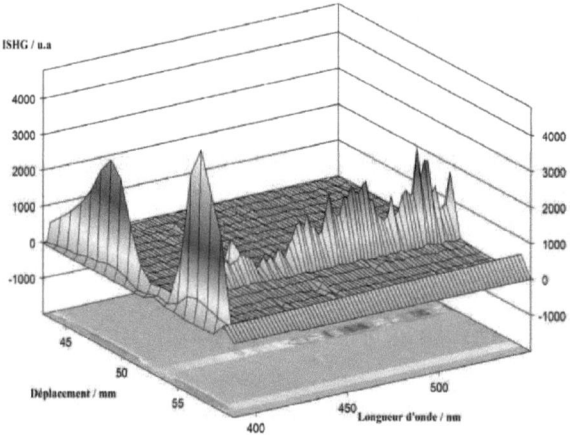

Figure VI.1 : SHG - scan pour un film de particules bimétalliques $Au_{75}Ag_{25}$ d'épaisseur 445 nm et une lentille L1 de distance focale de 75 mm à une longueur d'onde incidente de 782 nm et une puissance de laser de 160 mW.

Cette intensité dépasse notablement l'intensité SHG maximale collectée à la longueur d'onde harmonique. Pour cette dernière position z = 52 mm, un minimum d'intensité SHG est obtenu. Cette position correspond en fait au centre de la vallée à 392 nm et au point focal. La bande large est attribuée à un continuum de lumière généré dans le film de particules $Au_{75}Ag_{25}$.

Les Figures (VI.2), (VI.3), (VI.4), (VI.5) montrent les différents spectres en longueur d'onde obtenus en déplaçant l'échantillon. La gamme de longueurs d'onde reste comprise entre 388 et 396 nm, par contre les déplacements varient d'un spectre à l'autre. Toutes ces mesures ont cependant été réalisées sous des conditions expérimentales identiques, par exemple pour un temps d'acquisition et une tension de PM identiques : t_{aq} = 1 s et V_{PM} = 1900 V. Par ailleurs, le pas de déplacement de la platine de translation de la lentille L1 et de la longueur d'onde sont $\Delta z = 0.5$ mm et $\Delta \lambda = 0.5$ nm respectivement. Il a été possible de faire varier la puissance moyenne du laser de 190 mW à 120 mW. La Figure (VI.2) présente ainsi l'apparition du continuum pour un spectre étroit de longueur d'onde variant de 388 à 396 nm à une puissance moyenne de 190 mW. On voit également que ce continuum est bien positionné au centre de la vallée. L'intensité maximale de ce continuum est de l'ordre de 4500 photons/s, voir la Figure (VI.2). De plus, cette intensité est proche de la valeur de l'intensité SHG obtenue à 391 nm. Ceci indique que la génération de continuum et du second harmonique par le film bimétallique est considérable à cette puissance. Par ailleurs, en diminuant la puissance moyenne du laser, passant de 190 mW à 180 mW, voir Figure (VI.3), nous observons une diminution rapide de l'intensité SHG ainsi que celle du continuum.

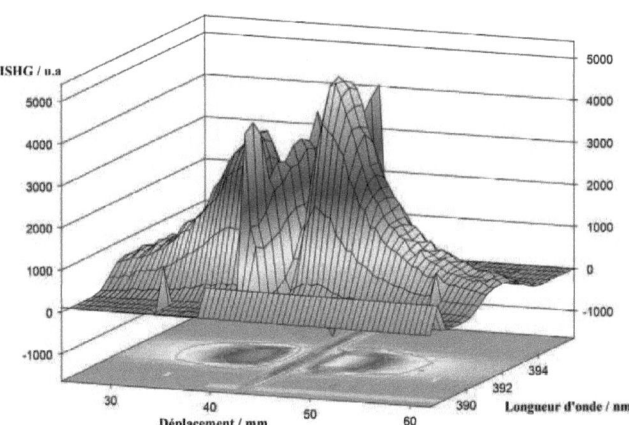

Figure VI.2 : SHG - scan pour un film de particules bimétalliques $Au_{75}Ag_{25}$ d'épaisseur 445 nm pour une lentille L1 d'une distance focale de 75 mm à une longueur d'onde incidente de 782 nm et une puissance du laser de 190 mW.

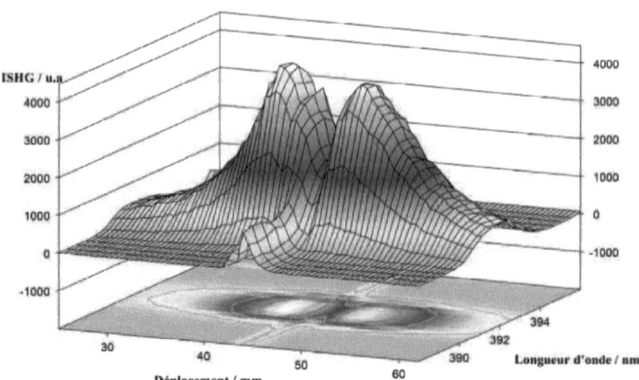

Figure VI.3 :   SHG - scan pour un film de particules bimétalliques Au$_{75}$Ag$_{25}$ d'épaisseur 445 nm et une lentille L1 de distance focale 75 mm à une longueur d'onde incidente de 782 nm et une puissance de laser de 180 mW.

L'efficacité du continuum continue de décroître pour une puissance moyenne de 160 mW, voir Figure (VI.4). Le seuil d'apparition de ce continuum est très sensible aux conditions expérimentales. La Figure (VI.4) présente ainsi l'apparition du continuum pour un spectre étroit de longueur d'onde variant de 388 à 396 nm à une puissance moyenne de 160 mW. Au minimum de l'intensité SHG produite, c'est-à-dire à 392 nm et au centre de la vallée correspondant à la position de l'échantillon au point focal, l'intensité du continuum est relativement faible. Dans tous les cas, nous observons que ce continuum n'apparaît que lorsque la focalisation est maximale, c'est-à-dire lorsque l'échantillon est au point focal. Il finit par disparaître pour une puissance moyenne de 120 mW, voir Figure (VI.5). En outre, en utilisant une distance focale de 25 mm et une puissance moyenne de 206 mW, nous n'avons observé aucune apparition de continuum dans ces conditions comme l'indique la Figure (VI.6).

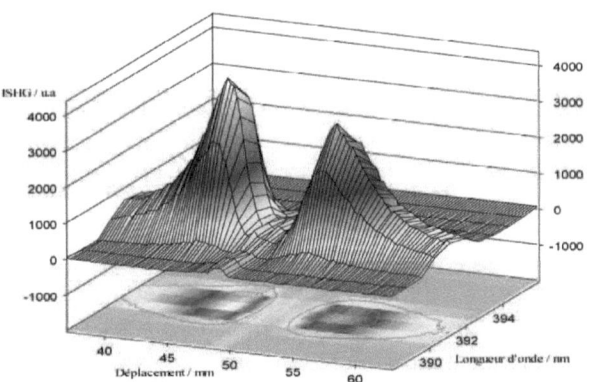

Figure VI.4 : SHG - scan pour un film d'alliage bimétallique $Au_{75}Ag_{25}$ d'épaisseur 445 nm, une lentille L1 de focale 75 mm, à une longueur d'onde incidente de 782 nm et une puissance de laser de 160 mW.

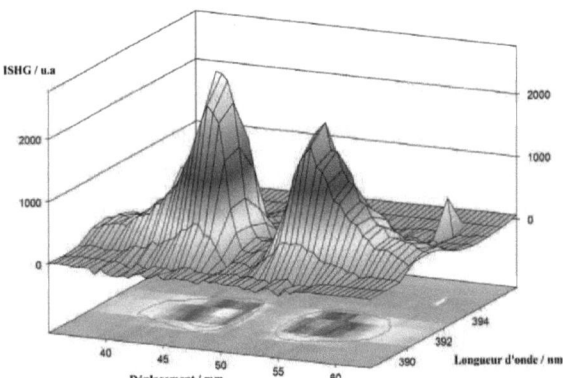

Figure VI.5 : SHG - scan pour un film de particules bimétalliques $Au_{75}Ag_{25}$ d'épaisseur 445 nm et une lentille L1 de distance focale 75 mm à une longueur d'onde incidente de 782 nm et une puissance de laser de 120 mW.

D'après ces résultats expérimentaux, nous observons donc l'apparition d'un continuum dont la présence dépend à la fois de la puissance moyenne du laser et de la distance focale de la lentille de focalisation L1. Ce continuum couvre un domaine spectral large mais limité du côté des longueurs d'onde courtes. Pour les longueurs d'onde plus longues, nous n'avons pu explorer le spectre en raison des limitations techniques de la détection [12].

164

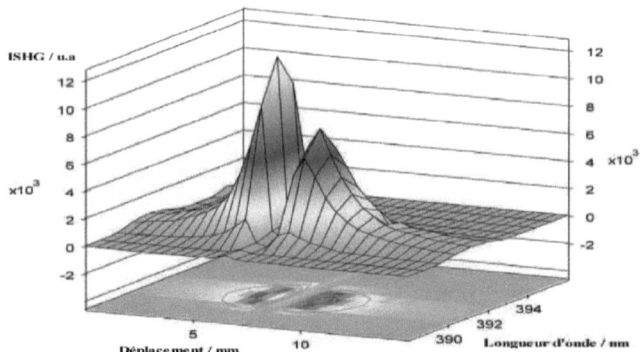

Figure VI.6 : SHG - scan pour un film d'alliage bimétallique $Au_{75}Ag_{25}$ d'épaisseur 445 nm, une lentille L1 de focale 25 mm, à une longueur d'onde incidente de 782 nm et une puissance de laser de 206 mW.

Il est important de mentionner qu'un signal de photoluminescence pourrait être à l'origine des observations. Cette origine a été rejetée car les signaux de photoluminescence sont bien souvent présent lorsque le signal SHG est observé, ce qui n'est pas le cas ici. Par ailleurs, n'étant pas un signal cohérent, la photoluminescence n'est pas associée à l'effet de vallée rencontrée. Par exemple, sur la Figure (VI.6) ci-dessus, un signal de photoluminescence devrait apparaître sur la gamme spectrale même étroite observée. Par ailleurs, la photoluminescence n'est pas aussi critique du point de vue de la focalisation. Sur cette Figure (VI.6), aucun fond large spectralement et indépendant de la position de la focalisation n'est observé.

VI.2.2 Compétition entre SHG et Génération de continuum

Notre objectif étant de décrire les signaux observés dans le domaine spectral autour du domaine spectral SHG, nous avons réalisé des mesures complémentaires en fonction de la longueur d'onde dans le domaine variant de 388 nm à 396 nm et en fonction du déplacement de l'échantillon entre 44 et 54 mm. Ces mesures diffèrent donc des précédentes par l'amplitude du déplacement qui est plus étroit. L'objectif de ces mesures est de déterminer les conditions régissant la compétition entre la génération d'un signal SHG et celle du continuum. Nous avons enregistré des spectres dans les mêmes conditions expérimentales que précédemment : pas du déplacement de $\Delta z = 0.25$ mm, temps d'acquisition de $t_{aq} = 1$ s, tension de PM égale à $V_{PM} = 1900$ V, pas de longueur d'onde de $\Delta \lambda = 1$ nm pour une distance focale de la lentille L1 de $f = 75$ mm.

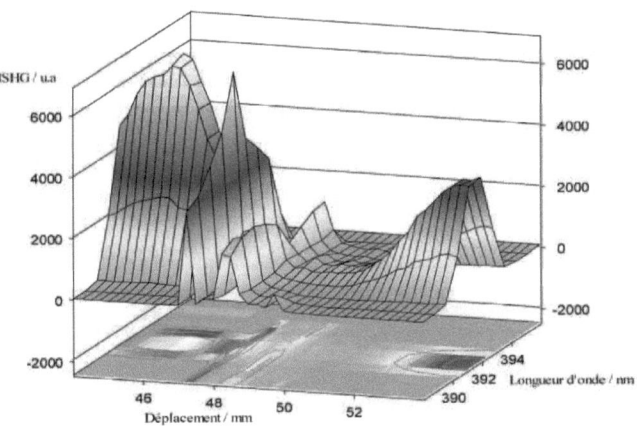

Figure VI.7 :   SHG - scan pour un film de particules bimétalliques $Au_{75}Ag_{25}$ d'épaisseur 445 nm et une lentille L1 de distance focale 75 mm à une longueur d'onde incidente de 782 nm et une puissance de laser de 196 mW.

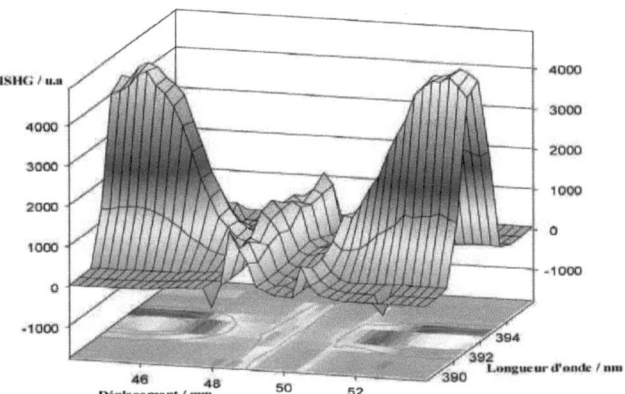

Figure VI.8 :   SHG - scan pour un film de particules bimétalliques $Au_{75}Ag_{25}$ d'épaisseur 445 nm, une lentille L1 de focale 75 mm, à une longueur d'onde incidente de 782 nm et une puissance de laser de 180 mW.

166

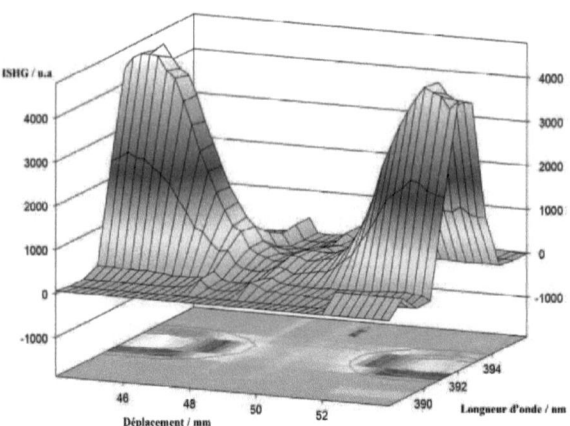

Figure VI.9 : SHG - scan pour un film de particules bimétalliques Au$_{75}$Ag$_{25}$ d'épaisseur 445 nm, une lentille L1 de focale 75 mm, à une longueur d'onde incidente de 782 nm et une puissance de laser de 170 mW.

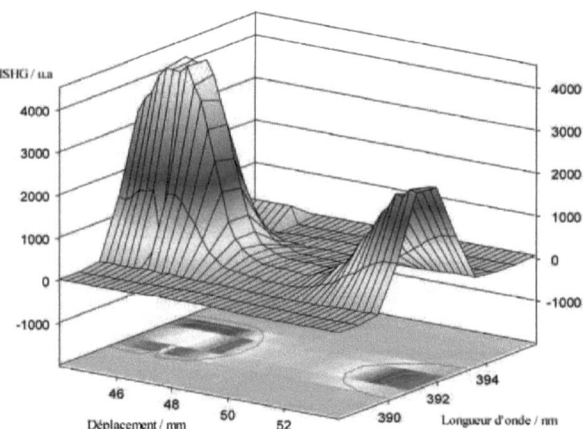

Figure VI.10 : SHG - scan pour un film de particules bimétalliques Au$_{75}$Ag$_{25}$ d'épaisseur 445 nm, une lentille L1 de focale 75 mm, à une longueur d'onde incidente de 782 nm et une puissance de laser de 160 mW.

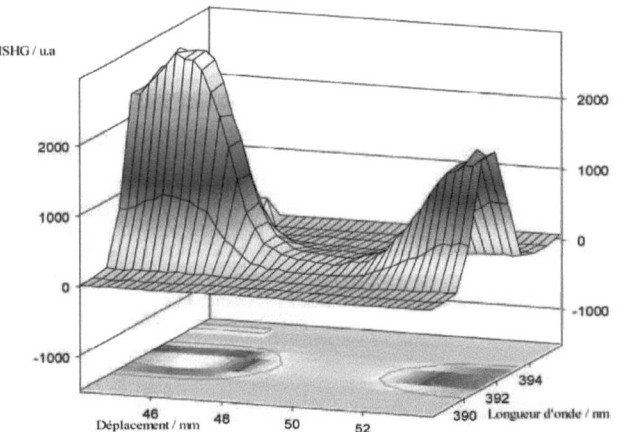

Figure VI.11 : SHG - scan pour un film de particules bimétallique $Au_{75}Ag_{25}$ d'épaisseur 445 nm, une lentille L1 de focale 75 mm, à une longueur d'onde incidente de 782 nm et une puissance de laser de 120 mW.

Comme nous avons remarqué que le continuum était très sensible à la position de l'échantillon au voisinage du foyer de la lentille de la focalisation L1, nous avons choisi une meilleure résolution du déplacement. Pour des conditions expérimentales par ailleurs identiques, nous observons clairement que le continuum existant initialement à 196 mW, au maximum de focalisation, disparaît progressivement lorsque la puissance moyenne diminue jusqu'à 120 mW. Dans tous les cas, aucune génération SHG n'est réalisée au maximum de focalisation (comme annoncé auparavant dans les chapitres précédents).

VI.2.3 Analyse et discussion

Sur le Tableau (VI.1), nous rassemblons quelques résultats quantitatifs observés sur les différentes figures précédentes. L'intensité maximale du continuum, mesurée à la position Zc, diminue avec la puissance moyenne du laser tout comme l'intensité SHG mesurée. Cependant, contrairement à la position Zc, la distance ΔZ entre les deux maxima SHG, Z1 et Z2, reste quasiment constante. Nous pouvons représenter la courbe de l'intensité maximale du continuum mesurée à 396 nm en fonction de la puissance moyenne du laser. Nous observons pour ces conditions de focalisation, soit une distance focale de la lentille L1 de 75 mm, un seuil de génération de continuum à 160 mW, voir la figure (VI.12).

P mW	I_c photons / s	Z_c mm	I_{SHG1}^{Max} photons/s	Z_1 mm	I_{SHG2}^{Max} photons/s	Z_2 mm
196	1773	48.25	6915	45.5	3504	54
180	1594	48.5	4614	44.75	4926	53.5
170	366	50.5	4500	45	4713	53.25
160	44	49	4498	45.75	2521	54
120	0		2917	45	1766	53.5

Table VI.1 : Récapitulatif quantitatif des principaux paramètres extraits des Figures précédentes : P puissance du laser, I_C intensité de continuum, Z_C position de continuum, I_{SHG1}^{Max} maximum de l'intensité SHG à la position Z_1, I_{SHG2}^{Max} maximum de l'intensité SHG à la position Z_2, ces paramètres sont enregistrés à une longueur d'onde de 396 nm.

Par ailleurs, une saturation semble apparaître dont la confirmation est difficile à prouver puisque obtenue pour la plus grande puissance moyenne du laser. Le seuil de génération de notre continuum correspond à une puissance crête environ égale à 10 kW, valeur très inférieure aux valeurs des puissances critiques nécessaires pour générer un continuum dans l'eau, la silice fondu ou le méthanol, égales respectivement à 8.8, 4.4 et 3.9 MW [13].

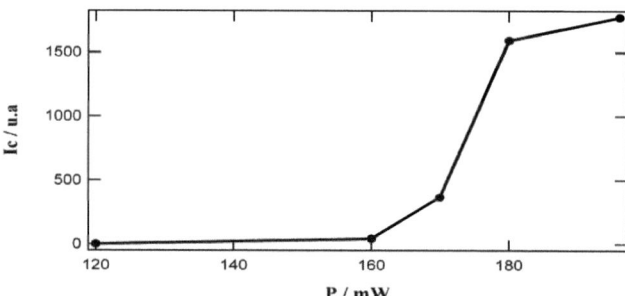

Figure VI.12 : Variation de l'intensité du continuum en fonction de la puissance moyenne du laser à une longueur d'onde de 396 nm pour une distance focale de 75 mm pour la lentille L1 pour un film de particules bimétalliques $Au_{75}Ag_{25}$ d'épaisseur 445 nm.

La Figure (VI.13) présente la variation des deux intensités I_{SHG1} et I_{SHG2} du Tableau (VI.1) en fonction de la puissance moyenne du laser P. Nous notons clairement une augmentation de l'intensité I_{SHG1} avec la puissance P, voir la Figure (VI.13-a). Ceci n'est pas le cas pour la Figure (VI.13- b) dont l'intensité I_{SHG2} augmente jusqu'à P = 180 mW puis diminue à P = 196 mW. Aucune explication n'existe actuellement pour cette diminution. Enfin, en comparant l'allure de la variation de l'intensité du signal SHG et celle de l'intensité du continuum, en fonction de la puissance moyenne, nous observons une grande similitude bien que le continuum de lumière blanche possède un seuil inexistant pour le second harmonique dans la gamme des paramètres utilisés dans cette étude.

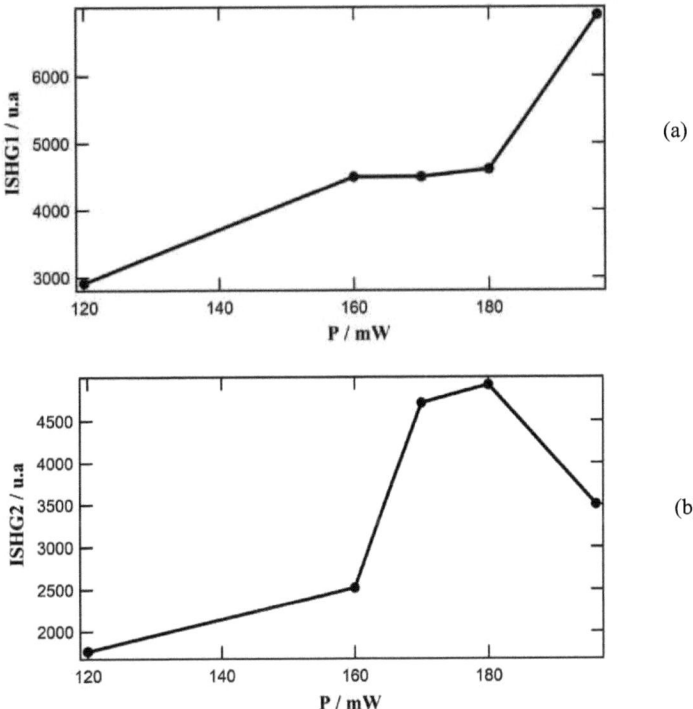

Figure VI.13 : (a) et (b) représentent respectivement la variation des intensités I_{SHG1} et I_{SHG2} en fonction de la puissance moyenne du laser, à une longueur d'onde de collection de 396 nm.

VI.3 Conclusion

A l'aide des résultats expérimentaux issus de la technique de SHG-scan, nous avons observé l'apparition d'un continuum de lumière blanche dans le film de particules bimétalliques $Au_{75}Ag_{25}$. La présence de ce continuum dépend à la fois de la puissance moyenne du laser et de la distance focale de la lentille. Nous avons pu aussi établir une courbe de l'intensité du continuum mesurée à 396 nm en fonction de la puissance moyenne du laser. A partir de cette courbe nous avons obtenu une valeur de la puissance critique. Ces résultats montrent une grande cohérence avec les résultats développés au Chapitre II.

Ces résultats préliminaires confirment donc qu'il est relativement aisé de produire un continuum blanc dans ces échantillons formés par des nanoparticules métalliques enchâssées dans une matrice diélectrique. Ces travaux devront être poursuivis dans le futur afin d'explorer plus en avant cette génération de continuum et le rôle que peut jouer l'excitation du plasmon de surface : source du continuum ou bien simplement amplificateur de champ dans le milieu diélectrique.

Références

[1] R. R. Alfano et S. L. Shapiro, *Phys. Rev. Lett*, **24**, 584 (1970).

[2] R. R. Alfano et S. L. Shapiro, *Phys. Rev. Lett*, **24**, 592 (1970).

[3] A. Penzkofer et W. Kaiser, *Opt. Quant. Electron*, **9**, 315 (1977).

[4] W. Lee Smith, P. Liu et N. Bloembergen, *Phys. Rev. A*, **15**, 2396 (1977).

[5] V. François, F. A. Ilkov et S. L. Chin, *Opt. Commun.*, **99**, 241 (1993).

[6] I-W. Hsieh, X. Chen, X. Liu,J. I. Dadap, N. C. Panoiu, C.-Y. Chou, F. Xia, W. M. Green, Y. A. Vlasov, and R. M. Osgood, Jr., *Opt. Express*, **15**, 15242 (2007).

[7] R.A. Ganeev, M. Baba, A.I. Ryasnyansky, M. Suzuki, H. Kuroda, *Opt. Commun.*, **240**, 437 (2004).

[8] K. Das, A. Uppal, P. K. Gupta, *Chem. Phys. Lett.*, **426**, 155 (2006).

[9] F. W. Vance, B. I. Lemon, J. A. Ekhoff, J. T. Hupp, *J. Phys. Chem. B*, **102** (1998) 1845.

[10] G. Brehm, G. Sauer, N. Fritz, S. Schneider, S. Zaitsev, *J. Mol. Struct.*, **85**, 735 (2005).

[11] P. Muhlschlegel, H.-J. Eisler, O. J. F. Martin, B. Hecht, and D. W. Pohl, *Science*, **308**, 1607 (2005).

[12]   J. P. Wolf, J. Kasparian, G. Méjean, J. Yu, S. Frey, E. Salmon, *Propagation des impulsions femtosecondes dans l'atmosphère,Teramobile*, LASIM, Université Claude Bernard Lyon 1.

[13]   A. Bordeur and S. I. Chin, *J. Opt. Soc. Am. B*, **16**, 637 (1999).

Chapitre VII : Conclusion générale

Le travail, effectué au cours de ces trois années de thèse a eu pour objectif l'étude de l'origine et de la nature de la réponse de génération de second harmonique (SHG) dans les films de particules bimétalliques or-argent et les réseaux de nanocylindres d'or. Du point de vue des techniques expérimentales, nous avons mis en évidence ces différentes propriétés par la technique des franges de Maker et des expériences de Z-scan adaptées à nos conditions expérimentales. Par ailleurs, des mesures simples en transmission de la réponse SHG pour des réseaux de nanocylindres ont été réalisées et nous avons pu mettre en évidence des effets de taille et d'organisation dans ces systèmes. D'un point de vue théorique, par la nécessité d'ajuster et analyser nos résultats expérimentaux, nous avons mis en œuvre des modèles théoriques simples : nous avons donné quelques éléments à propos des faisceaux gaussiens pour pouvoir mettre en place le cadre général de la réponse SHG en faisceaux gaussiens focalisés en impulsions ultracourtes, nous avons introduit le modèle de la réponse SHG basé sur une feuille de la polarisation non linéaire traitée en approximation dipolaire et permettant l'étude microscopique de l'hyperpolarisabilité quadratique des particules métalliques et enfin un modèle en onde plane de la réponse SHG résolue en polarisation d'un réseau de nanocylindres organisés.

L'utilisation de la technique Z-scan adaptée à nos expériences, appelée par commodité SHG-scan, nous a permis d'observer la diminution de signal SHG au voisinage du point focal dans un film de particules bimétallique de type $Au_{75}Ag_{25}$. Ce phénomène a aussi été observé dans un cristal de quartz. Nous avons montré que cette diminution dans un film de particules bimétallique provient d'un effet d'absorption non linéaire caractérisé par une partie imaginaire de la susceptibilité non linéaire d'ordre 3 importante dans ce film. La technique SHG-scan couplée à un cristal de BBO nous a conduit à mettre en évidence l'effet d'une forte absorption non linéaire et d'une réfraction non linéaire faible à travers cette diminution de l'intensité de SHG au voisinage du point focal. Par contre, cet effet n'a aucun rôle dans le quartz. A partir du modèle de la réponse SHG en faisceau gaussien focalisé et impulsions ultracourtes, nous avons montré que pour le quartz l'effet de la phase de Gouy, et éventuellement celui de la dispersion de la vitesse de groupe (DVG), sont à l'origine de la diminution de l'efficacité de SHG observée au voisinage du col du faisceau gaussien fondamental focalisé. Ce phénomène est important dans le cas d'un quartz épais mais pas dans le cas d'un quartz fin. Ce phénomène n'est pas présent non plus pour le film mince de particules. A l'issue des chapitres II et III, nous avons donc montré que la phase de Gouy et l'absorption non linéaire affectaient différemment l'efficacité SHG dans les films de particules bimétalliques et dans le quartz.

Au cours de ce travail, nous avons effectué pour la première fois des mesures de franges de Maker pour des films de nanoparticules métalliques. Ces expériences ont clairement montré une réponse SHG dans des films de nanoparticules dispersées aléatoirement dans une matrice transparente sans réponse non linéaire propre. Nous avons alors pu déterminer la valeur absolue du module du tenseur de susceptibilité non linéaire d'ordre 2 de ces films pour différentes compositions des particules : Ag, $Ag_{50}Au_{50}$, $Ag_{25}Au_{75}$ et Au. Ces résultats ont été obtenus en utilisant le quartz comme milieu non linéaire de référence. Nous avons mis en évidence une réponse dominée globalement par une exaltation par la résonance de plasmon de surface, en particulier pour les particules d'argent. L'approche microscopique a permis de calculer une valeur absolue du module de l'hyperpolarisabilté quadratique pour une particule bimétallique. Toutefois, cette approche nous a conduit à une différence très importante et peu réaliste de l'hyperpolarisabilité des particules par rapport à celles mesurées par la technique de la diffusion hyper Rayleigh de nanoparticules similaires en solution. Ce problème nous conduit à mettre en doute l'approche utilisée et ce travail devra donc être poursuivi.

Nous avons aussi réalisé des mesures optiques linéaires et non linéaires pour un arrangement selon une géométrie carrée de nanocylindres métalliques d'or. Les spectres d'extinction, pour des intensités transmises polarisées orthogonalement, ont démontré par l'intermédiaire d'un léger décalage en longueur d'onde la création d'une faible déformation lors de la fabrication des nanocylindres. Les études résolues en polarisation de la génération de second harmonique ont prouvé que l'origine de la réponse non linéaire observée ne résultait pas de l'asymétrie entre les bases supérieure et inférieure des cylindres mais plutôt des petits défauts à la surface du corps des cylindres. Le modèle basé sur l'approximation dipolaire nous a mené à ajuster correctement les résultats expérimentaux et à déterminer les valeurs relatives des éléments du tenseur de la susceptibilité non linéaire d'ordre 2. Par ailleurs, nous avons observé pour la première fois une contribution quadripolaire, en relation avec le diamètre des nanocylindres. De même l'arrangement des nanocylindres dans le réseau à taille constante est observé pour la première fois. Dans ce cas, l'origine supposée est attribuée à l'interaction entre les nanocylindres. Ces expériences soulignent la nécessité d'aller au-delà de l'analyse morphologique macroscopique simple de ces petites structures métalliques à travers des images SEM. L'étude optique des nanocylindres indique en effet que des défauts peu visibles sur les images SEM peuvent être ainsi mis en évidence.

Enfin, nous avons observé l'apparition d'un continuum blanc dans un film contenant des nanoparticules métalliques $Au_{75}Ag_{25}$. Nous avons pu observer un seuil d'apparition mais ce chapitre reste préliminaire et des mesures plus complètes devront être réalisées par la suite.

A partir des résultats obtenus, nous pouvons évoquer quelques perspectives. En effet, les travaux relatifs aux films de particules bimétalliques $Au_{75}Ag_{25}$ doivent être poursuivis pour mettre en place un modèle complet de la réponse SHG tenant compte de l'absorption non linéaire et de la phase de Gouy de manière combinée, afin de mieux comprendre l'origine de la détérioration affectée sur la génération de second harmonique dans ces films. Concernant ces mêmes films, les valeurs absolues de l'hyperpolarisabilité mesurées sont loin des celles données dans la littérature. C'est pourquoi de nouvelles mesures doivent être réalisées. Par ailleurs, pour les réseaux de nanocylindres, il apparait maintenant nécessaire de parvenir à développer une approche microscopique plus complète afin de relier quantitativement les différents éléments de la susceptibilité non linéaire quadratique aux non linéarités microscopiques de surface et prendre en compte l'effet du retard des champs électromagnétiques. Enfin, la génération du continuum blanc observée dans le film de particules bimétalliques ouvre un champ de recherche important pour la compréhension de l'origine première de la naissance de ces continua.

TITRE : Nature cohérente et incohérente de la réponse de Second Harmonique dans les nanostructures métalliques d'or et d'argent.

Résumé de la thèse : Dans ce travail, les propriétés optiques non linéaires de différentes nanostructures métalliques à base d'or et d'argent sont étudiées. En particulier, une attention particulière est portée à la nature cohérente ou incohérente de la réponse. Pour cela, la technique de la Génération du Second Harmonique (SHG) est employée. C'est en effet l'une des méthodes optiques non linéaires les plus simples pour mettre en évidence cette nature cohérente ou incohérente de la réponse. Les échantillons utilisés pour cette mise en évidence sont constitués d'une part par des films diélectriques dopés par des nanoparticules bimétalliques d'alliages du type AuAg de différentes fractions molaires en or pour la réponse incohérente et d'autre part par des réseaux de nanocylindres d'or de différentes tailles disposés selon trois configurations géométriques (carrée, hexagonale et aléatoire) sur un substrat pour la réponse cohérente. La majeure partie du travail est dévolue à l'étude de la propagation et du doublage de fréquence en régime de faisceaux gaussiens et impulsions courtes dans les films diélectriques dopés par des nanoparticules bimétalliques en raison de phénomènes supplémentaires observés simultanément à la conversion de fréquence : absorption et réfraction non linéaire, phase de Gouy... Par la méthode des franges de Maker, les valeurs absolues des composantes de la susceptibilité non linéaire d'ordre 2 de ces films sont mesurées puis les valeurs absolues de l'hyperpolarisabilité quadratique des nanoparticules sont estimées sur la base d'un modèle de réponse incohérente. Enfin, une étude préliminaire sur la génération de continuum de lumière est présentée. La nature cohérente de la réponse SHG est recherchée dans les réseaux de nanocylindres. Nous montrons que l'origine de la réponse est associée à l'existence de défauts de surface dans ces nanostructures et donc conserve un caractère incohérent. Toutefois, nous avons pu mettre en évidence des effets associés à la taille des nanocylindres et à l'organisation des nanocylindres sur le substrat, ce dernier effet étant attaché à un caractère cohérent de la réponse.

MOTS-CLES : Lasers, impulsions femtoseconde, optique non linéaire, Génération de second harmonique, dispersion de la vitesse de groupe, absorption non linéaire, polarisation de la lumière, symétrie, faisceau gaussien, films, alliages, nanoparticules, nanocylindres, réseau.

TITLE : coherent and incoherent nature from second harmonic response in gold and silver metallic nanostructures

ABSTRACT : In this work, the non linear optical properties of different silver and gold metallic nanostructures are studied. In particular, a special attention is concerning the coherent or incoherent nature of the response. For that purpose, the Second Harmonic Generation (SHG) technique is used. It is indeed one of the simplest non linear optical methods to underline the coherent or incoherent nature of the response. Samples used for this reason are constituted on the first hand by dielectric films doped by bimetallic nanoparticles of clusters of the type AuAg of various gold molar fractions for the incoherent responses and on the other hand by arrays of gold nanocylinders of various sizes arranged according to three geometrical configurations (square, hexagonal and random) on a substrate for the coherent response. The major part of the work is devoted to the study of the propagation and the second harmonic frequency in regime of Gaussian beams and short pulses in dielectric films doped by bimetallic nanoparticles because of supplementary phenomena observed simultaneously in the conversion of frequency: non linear absorption and refraction, Gouy phase... By the method of the fringes of Maker, the absolute values of the coefficient of the second order non linear susceptibility of these films are measured then the absolute values of the quadratic hyperpolarizability of nanoparticles are estimated on the basis of a model of incoherent responses. Finally, a preliminary study on the light continuum generation is presented. The coherent nature of the SHG response is studied in the nanocylinders arrays. We show that the origin of the response is associated with the existence of the surface defects in these nanostructures and thus have an incoherent character. However, we were able to put in evidence the effects associated with the size of nanocylinders and with the organization of nanocylinders on the substrate, this last effect being attached to a coherent character of the response.

KEY WORDS: Laser, pulses, non linear optics, second harmonic generation, group velocity mismatch, non linear absorption, polarized light, symmetry, Gaussian beam, film, cluster, nanoparticles, nanocylinders, arrays.

Laboratoire de Spectrométrie Ionique et Moléculaire (LASIM)
Unité Mixte de Recherche (UMR 5579) CNRS / UCB Lyon I
Domaine scientifique de la Doua – Université Claude Bernard Lyon I
Bâtiment Alfred Kastler, 43 Boulevard du 11 Novembre 1918
69622 Villeurbanne Cedex France

/

Printed by Books on Demand GmbH, Norderstedt / Germany